U0155162

THE AUSTRALIAN Women's Weekly

QUICK & EASY

·悦享生活系列丛书·

DK

快速&轻松

30分钟内的简单食谱

澳大利亚《澳大利亚妇女周刊》 著
张梦笛 译

科学普及出版社
·北 京·

著作权合同登记号：01–2022–5732

图书在版编目（CIP）数据

快速 & 轻松：30 分钟内的简单食谱 / 澳大利亚《澳大利亚妇女周刊》著；张梦笛译．-- 北京：科学普及出版社，2023.1
（悦享生活系列丛书）
书名原文：Australian Women's Weekly Quick & Easy: Simple, Everyday Recipes in 30 Minutes or Less
ISBN 978–7–110–10514–6

Ⅰ．①快…　Ⅱ．①澳…　②张…　Ⅲ．①食谱　Ⅳ．① TS972.12

中国版本图书馆 CIP 数据核字（2022）第 200621 号

策划编辑　周少敏　符晓静
责任编辑　李　洁　齐　放
封面设计　中文天地
正文设计　中文天地
责任校对　吕传新
责任印制　徐　飞

科学普及出版社
http://www.cspbooks.com.cn
北京市海淀区中关村南大街 16 号
邮政编码：100081
电话：010–62173865　传真：010–62173081
中国科学技术出版社有限公司发行部发行
广东金宣发包装科技有限公司印刷
开本：787mm × 1092mm　1/16
印张：12　字数：160 千字
2023 年 1 月第 1 版　2023 年 1 月第 1 次印刷
ISBN　978–7–110–10514–6 / TS · 148
定价：98.00 元

For the curious

www.dk.com

目录

简单速食

对现代人来说，方便快捷无疑是家庭烹饪的核心。当生活被各种事项填满：工作、家庭、健身，以及诸如洗衣服之类的种种琐事，时间很少，事情很多，你首先想到可以缩减的，大概就是待在厨房做饭的时间。

做饭不一定非得费时费力，本书的食谱为现代人量身定做，使用简单处理或预包装的食材，辅以巧妙的烹饪技巧，助你在短短几分钟内就能端菜上桌。现在人们更关注健康，对食物也更挑剔，超市里有各种各样优质的现成食品供应，是快速烹饪的好帮手。学会使用预制酱料、可微波谷物、腌制切丁的肉类，它们可以大大缩短烹饪时间，只要你愿意走进厨房，就能做出美味菜肴。享受健康又美味的家常美食吧，再也不用依赖外卖了。本书分类整理了不同特色的食谱，可以满足不同人群的饮食选择，在对页还有烹饪技巧供你参考。

实惠速食

选用新鲜应季、价格优惠的食材。如果预算有限，此类菜谱是你的不二之选。

健康之选

不必再绞尽脑汁，我们的食谱已经为你列出了健康又快手的美味选择。

无肉食谱

素食新选择——不吃肉是开始吃更多新鲜蔬菜的好方法！

一锅出

快速清理——厌倦了餐后清理各种锅碗瓢盆？试试我们的一锅出美食吧！

无麸质

麸质过敏者的选择——所有带“无麸质”标签的食谱都选用无麸质食材，麸质过敏者可以放心使用。

无乳制品

没有隐藏的乳制品——此类食谱不使用乳制品，但如果用到了预包装食品，请仔细阅读配料表。

对儿童友好

适合小朋友的美食——考虑到孩子，不会太辣但是仍然充满味道。

食材处理

1. 香草

快速处理扁叶欧芹、香菜、莳萝等叶片较软的香草植物时，可以先用手把叶片从木质茎上捋下来，然后将叶片和可食用嫩茎一起切碎。

2. 切菜神器

想要快速处理胡萝卜、西葫芦等蔬菜时可以用擦丝器；处理卷心菜时则可以用切片器。

3. 防氧化

在清水中加入柠檬汁后再浸泡茴香、苹果、梨等，可以防止其氧化变黑。但带皮的牛油果只需将切面向下放在清水里就能防止氧化。

4. 榨汁

柠檬、酸橙等榨汁前，先用手掌将其按在案板上滚动，或在榨汁前放进微波炉高火加热 15 秒，这样可以提高榨汁效率。

5. 即食香草

百里香、迷迭香、香葱等新鲜香草可以分装整理好（切碎或保留完整叶片都可以），放在冰格里，淋上薄薄一层橄榄油后放进冰箱冷冻保存。使用时直接从冰箱中拿出来，更加便捷，也能避免浪费食物。

6. 腌制

为了使腌制更容易入味，将腌料和肉（或鱼）同时放入保鲜袋，封口后揉搓保鲜袋，使食材充分吸收腌料，然后放入冰箱冷藏 3 小时以上。

7. 鱼皮

如果你不喜欢吃鱼皮，可以先不用着急在烹饪前去除。保留鱼皮有利于娇嫩的鱼肉在烹饪过程中保持完整，而鱼肉煮熟后可以轻易去除鱼皮。

8. 提前备菜

当天早上或者前一天就可以开始备菜。按量备好所需食材，容易变质的要放在冰箱保存，硬质蔬菜（土豆除外）可以在当天早上切好，用湿润的厨房纸盖住存放。

9. 快速清理

为了避免食材粘锅且便于清洗，可以在锅里垫一张烘焙纸。烹饪结束后再扔掉烘焙纸。

快手午餐

你是否需要一份快手午餐？或一份能和家人、朋友分享的简餐？又或是一份上班、上学中午吃的便当？本章的食谱将会给你灵感。

生菜火鸡卷

无麸质 | 备餐 + 烹饪时间：30 分钟 | 4 人食

用生菜代替面包，可以带来爽脆口感。将准备好的生菜卷和绿色芝麻酱分开保存，可以避免食物变得湿软。淋上酱汁后，将生菜卷好，就可以享用了。

1 汤匙初榨橄榄油
1 个小红薯（250 克），切成 1 厘米厚的圆片
1 个小牛油果（200 克）
1 汤匙柠檬汁
200 克即食火鸡胸，切片
2 个小号番茄（180 克），切薄片
1 根小号胡萝卜（70 克），切丝
1 根黄瓜（130 克），切丝
半个小号紫洋葱（50 克），切薄片
12 片直立生菜叶（见提示）

绿色芝麻酱：

¼ 杯芝麻酱（70 克）
2 汤匙扁叶欧芹碎
2 汤匙柠檬汁
1 汤匙初榨橄榄油
1 小瓣蒜瓣，碾成泥
盐和现磨黑胡椒

1 制作绿色芝麻酱：将所有原材料搅拌至顺滑，加入盐和黑胡椒调味。如果太浓稠可以加少量水。放在一旁备用。

2 大号不粘锅倒入橄榄油，小火加热。倒入红薯翻炒8分钟至变软。

3 同时将牛油果切半去核，切薄片后放入小碗，加入柠檬汁翻拌。牛油果肉沾满柠檬汁后沥干备用。

4 将牛油果、红薯、火鸡片、番茄、胡萝卜、黄瓜和洋葱分好放在每一片生菜叶上。开吃前淋上绿色芝麻酱，用生菜叶将馅料卷好。

提示

- 根据生菜大小，可能需要 1~2 棵。

大虾三明治配薯条

对儿童友好 | 备菜 + 烹饪时间：30 分钟 | 4 人食

清甜多汁的大虾和芳香浓郁的混合酱汁的经典搭配，为餐桌带来夏日的气息。对于简餐来说，选择优质的食材是其出色的关键。同时，尽可能选择滋味最浓郁的成熟番茄。

800 克速冻薯条
2 茶匙橄榄油
4 片五花培根（100 克），每片切成 3 等份
半杯全蛋蛋黄酱（150 克）
2 茶匙番茄酱
几滴塔巴斯科辣椒酱
8 片白酵母面包（560 克）
1 小棵直立生菜，叶子摘开
2 个番茄（300 克），切薄片
500 克去壳煮虎虾（见提示）
盐

1 烤箱预热至220℃。

2 烤盘上垫烘焙纸，铺上一层速冻薯条，加入盐调味。根据包装指示放入烤箱烘烤。

3 与此同时，在大号平底锅中倒入橄榄油，大火加热；放入培根煎制5分钟，直至培根变脆。用厨房纸沥油。

4 小碗中加入蛋黄酱、番茄酱、适量塔巴斯科辣椒酱并混合均匀。将酱汁涂抹在面包上，然后在两片面包之间夹上生菜、培根、番茄片和大虾，和新鲜出炉的薯条一起上桌。

提示

- 如果使用活虾，需要 1 千克带壳鲜虾。将虾头去掉，虾尾去壳，去除虾线。

碳烤什蔬南瓜酱卷饼

无麸质 | 备菜 + 烹饪时间：10 分钟 | 4 人食

卷饼也是午餐的好选择。把食材用打包盒分装好，准备吃时再组合卷起。这样既可以防止卷饼变得湿软，也能保存芝麻菜芳香爽脆的口感。

2 个油渍碳烤什蔬罐头（280 克）
200 克无麸质不含乳制品摩洛哥奶油南瓜酱或冬南瓜鹰嘴豆泥（见提示）
4 片无麸质卷饼（见提示）
40 克芝麻菜嫩叶
盐和现磨黑胡椒

1. 碳烤什蔬沥油，用厨房纸进一步吸干（见提示）。加盐和黑胡椒调味。
2. 卷饼上涂抹南瓜酱，加上碳烤什蔬和芝麻菜叶，然后卷起来包裹馅料。

提示

- 根据个人口味，奶油南瓜酱可以用红椒胡姆斯酱甚至茄泥酱代替。
- 卷饼也可以用无麸质小面包代替。
- 碳烤什蔬一定要用厨房纸擦干油脂，否则如果提前制作，到午餐时间卷饼会很快变得湿软。

金枪鱼橄榄法棍

实惠速食 | 备菜 + 烹饪时间：10 分钟 | 4 人食

此处法棍三明治中金枪鱼和盐渍橄榄的搭配互为补充，地中海美食中随处可见。你也可以使用辣味或柠檬风味的金枪鱼作为馅料。再加上两个切片水煮蛋，就是美味又饱腹的午餐。

2 个 30 厘米长的法棍（见提示）
⅓ 杯全蛋蛋黄酱（80 克）
425 克金枪鱼罐头，沥干捣碎
⅓ 杯卡拉马塔橄榄（50 克），切片
1 个大号番茄（220 克），切厚片
半个小号紫洋葱（50 克），切薄片
1 根黄瓜（130 克），刨成薄薄的长条
2 汤匙矮生罗勒叶

1 法棍从侧边切开（不要切断），在切面涂抹蛋黄酱。

2 将金枪鱼碎、橄榄片、番茄片、洋葱片、黄瓜条和罗勒叶夹在两片法棍中间。

3 将每根法棍从中间切成两半，也可以根据个人喜好切成合适的大小。

提示

- 法棍可以用个人喜欢的无麸质面包或卷饼代替。

什蔬鹰嘴豆煎饼

无肉食谱 | 备菜 + 烹饪时间：30 分钟 | 4 人食

冷热皆宜的美味煎饼是让挑食的人吃下更多蔬菜的好方法。这里用到了薄荷，但你可以用罗勒、香菜、扁叶欧芹等任何软叶香草代替它，都不会出错。

400 克鹰嘴豆冲洗干净后沥干
¾ 杯全麦自发面粉（110 克）
半杯牛奶（125 毫升）
2 个鸡蛋
¾ 杯冷冻青豆和甜玉米（120 克）
1 个油渍烤红椒，沥干后切碎
2 棵香葱，切成薄片
1 个小号西葫芦（90 克），擦碎
1 个小号胡萝卜（70 克），擦碎
半杯切达芝士碎（60 克）
2 汤匙薄荷叶碎
2 汤匙初榨橄榄油
盐和现磨黑胡椒

1. 将鹰嘴豆混合或搅打成粗粒。
2. 面粉过筛后放入中号碗，筛子中的麸皮也加入碗中。在另一个小碗中打入鸡蛋，加牛奶，轻轻搅拌均匀。面粉中间掏空，倒入蛋奶混合液，边加边搅拌，直至面糊丝滑。面糊中加入鹰嘴豆、青豆和甜玉米、红椒、香葱、西葫芦、胡萝卜、切达芝士和薄荷，再加盐和黑胡椒调味（见提示）。
3. 大号不粘锅倒橄榄油中火加热。油热后倒入面糊，每个煎饼需要大约¼杯（60毫升）面糊，注意每摊面糊之间留出空间，避免煎饼粘连。每面煎制5分钟，直至煎饼两面微焦、中间熟透。

提示

- 如果你喜欢，煎饼可以搭配番茄酸辣酱和蔬菜沙拉食用。

甜椒干酪厚蛋饼

无肉食谱 | 备菜 + 烹饪时间：30 分钟 | 6 人食

厚蛋饼无论是趁热吃、温热时吃还是冷却后再吃味道都不错，因此无论是作为休闲午餐、户外野餐还是工作日午餐都是理想之选；或者也可以像西班牙人一样，将吃剩的厚蛋饼和火腿等食材塞入小面包，一份三明治就做好了。

8 个鸡蛋
¼ 杯牛奶（60 毫升）
⅓ 杯切达芝士碎（40 克）
1 汤匙初榨橄榄油
¼ 杯新鲜罗勒叶（7 克）
100 克新鲜的瑞可塔干酪
1 个红甜椒（200 克），切成细丝
1 个青甜椒（200 克），切成细丝
盐和现磨黑胡椒

1 烤箱预热至220℃。

2 大碗中打入鸡蛋，加入牛奶、切达芝士碎，搅拌均匀。加入适量盐和黑胡椒调味。

3 准备一口直径17厘米（基本尺寸）的耐热煎锅，并倒入橄榄油，中火加热。蛋糊倒入锅中加热3分钟，不断将边缘的蛋糊往中间推。在蛋糊表面铺上罗勒叶、瑞可塔干酪块、青红甜椒丝，中火继续加热2分钟至蛋糊底部和边缘基本凝固。将平底锅送入烤箱（见提示），烤15分钟，待蛋糊凝固、表面微焦后取出。在平底锅中静置5分钟。

4 将厚蛋饼转移至餐盘中，切块后食用。

提示

- 此处需要用到把手耐热、可入烤箱的平底锅，也可以在把手上裹上几层锡纸，避免烤箱内高温损害把手。

奶油鸡肉意面沙拉

实惠速食 | 备菜 + 烹饪时间：30 分钟 | 6 人食

这款清爽又饱腹的沙拉老少咸宜，当作晚餐也非常不错。忙碌一天之后，将食材分量加倍，不仅可以轻松解决一顿晚餐，第二天的午饭也有了着落。

400 克去皮无骨鸡胸肉
500 克大号贝壳意面
2 根西芹秆（300 克），清理干净后切成细丝
1 个小号紫洋葱（100 克），切薄片
1 杯烤山核桃（120 克）
半杯切成丝的茴香酸黄瓜（90 克）（见提示）
50 克嫩芝麻菜
盐和现磨黑胡椒

奶油龙蒿料汁：
¾ 杯蛋黄酱（225 克）
半杯酸奶油（120 克）
2 汤匙柠檬汁
1 汤匙龙蒿碎

1 中号汤锅中倒入3杯（750毫升）清水，将鸡胸肉整块放进去，盖上锅盖，文火煮10分钟，关火再焖10分钟后捞出沥干，然后撕成适口的小块备用。

2 同时大号汤锅倒入盐水煮开，然后根据包装提示，加入意面煮到微软后捞出沥水，过冷水后再次沥干。

3 将制作奶油龙蒿料汁的食材放入小碗混合均匀备用（见提示）。

4 将煮好的意面、鸡胸肉、奶油龙蒿料汁和其他食材放进大碗中，混合均匀，根据个人口味加入适量盐和黑胡椒。

提示

- 茴香酸黄瓜可以用其他个人喜欢的酸黄瓜代替。
- 如果你更喜欢油醋类料汁，可以将 ¼ 杯橄榄油（60 毫升），¼ 杯柠檬汁和龙蒿碎（60 毫升）放入密封罐中，摇匀后使用。

照烧鸡肉春卷

对儿童友好 / 实惠速食 | 备菜 + 烹饪时间：30 分钟 | 24 个

制作新鲜越南春卷的美味秘诀在于，春卷皮泡到刚刚变软就从水中捞出。因为从水中捞出后春卷皮还会继续软化，使其足够柔软易于折叠。

6 块无骨鸡腿肉（660 克）
¼ 杯照烧汁（60 毫升）
4 根小黄瓜（520 克）
200 克金针菇
2 茶匙花生油
24 厘米 ×17 厘米的越南春卷皮

酸橙甜辣蘸汁：
⅓ 杯甜辣酱（80 毫升）
2 汤匙酸橙汁

1. 将鸡腿肉切成8条，把鸡肉和腌料放在小碗中腌制，静置。
2. 与此同时，将小黄瓜纵向切开去籽，然后拦腰切断，每块改刀切成3条。金针菇理好煮熟后沥水备用。
3. 鸡肉从腌料中捞出沥干，丢弃腌料。煎锅倒油，中火加热，鸡肉分批煎熟，然后静置10分钟冷却。
4. 这时制作酸橙甜辣蘸汁，将甜辣酱和酸橙汁倒入小碗中混合均匀。
5. 鸡肉冷却之后，将一张春卷皮放入盛有温水的中碗中微微回软，然后拿出放在铺了茶巾的案板上。把2片鸡肉水平放在春卷皮的中心，上面放2条黄瓜和适量金针菇，然后卷好。按照以上步骤重复处理剩下的食材，完成后搭配酸橙甜辣蘸汁食用（见提示）。

提示

- 吃不完的春卷可以放进密封盒，用微微沾湿的厨房纸盖好，放入冰箱保鲜。

法式金枪鱼藜麦沙拉

健康之选 | 备菜 + 烹饪时间：30 分钟 | 4 人食

番茄、鸡蛋、橄榄和金枪鱼都是传统法式尼斯沙拉常用的食材，这里还用到了藜麦。这份沙拉可以在前一天晚上做好，第二天当作办公室午餐享用。记得将沙拉和油醋汁分开储存，食用之前再拌在一起。

一杯半红藜麦（300 克）
4 个常温鸡蛋（见提示）
200 克四季豆，清理干净
425 克金枪鱼罐头，沥干捣碎
250 克樱桃番茄，对半切开
半杯去核卡拉马塔橄榄（60 克）
半杯压实的扁叶欧芹叶（15 克）
1 汤匙香葱碎

刺山柑帕尔马干酪油醋汁：

1 汤匙沥干水分的小刺山柑，冲洗后切碎
¼ 杯帕尔马干酪碎（20 克）
¼ 杯白酒醋（60 毫升）
2 汤匙初榨橄榄油
1 个小蒜瓣，碾碎
1 茶匙第戎芥末酱
1 茶匙细砂糖
海盐和现磨黑胡椒

提示

- 如果忘了提前将鸡蛋从冰箱拿出放至室温，可以直接放入冷水中煮，水开后再煮 5 分钟。如果想让蛋黄位置保持在正中间，可以在水开之前轻轻搅动。

1 大号汤锅加清水煮沸，倒入藜麦煮12分钟至变软，沥水后冷却备用。

2 与此同时，小号汤锅加清水煮沸后放鸡蛋煮4分钟至半熟，捞出过凉水后剥壳，然后对半切开备用。

3 四季豆可以蒸、煮或浸水放入微波炉煮熟，捞出过凉水保持爽脆口感，沥水备用。

4 煮四季豆的同时可以制作刺山柑帕尔马干酪油醋汁：将所有食材放入小碗混合均匀，最后加入海盐和黑胡椒调味。

5 将藜麦、四季豆和金枪鱼、樱桃番茄、橄榄、欧芹和油醋汁倒入大碗中翻拌均匀。食用时配上对半切开的鸡蛋、撒上香葱碎。

肉馅烤饼

对儿童友好 | 备菜 + 烹饪时间：30 分钟 | 6 人食

这份快捷的牛肉馅饼改版自经典的南美肉馅烤饼，用现成油酥千层饼和三明治机帮你省时省力。烤饼馅料多种多样，但这里用鸡蛋碎和橄榄带来特别的风味。

1 个鸡蛋
⅓ 杯橄榄油（80 毫升）
1 个小号洋葱（80 克），切碎
2 个蒜瓣，碾碎
半茶匙甜辣椒粉
半茶匙香菜籽
半茶匙孜然粉
半茶匙干牛至叶
225 克瘦牛肉糜
2 个小号番茄，切碎
⅓ 杯甜椒酿青橄榄（50 克），切碎
12 张油酥千层饼
1 杯切达芝士碎（120 克）
盐和现磨黑胡椒
2 汤匙香菜叶，佐餐用（不用也可）

阿多波蛋黄酱：

半杯全蛋蛋黄酱（150 克）
1 汤匙墨西哥辣椒酱

提示

- 按照前 5 步准备好肉馅烤饼生胚，可以把它们冷冻 1 个月；吃之前先在冰箱冷藏室解冻。

1 汤锅加清水煮沸，放入鸡蛋煮9分钟至全熟，冷却后剥壳切碎备用。

2 煎锅中先加入一汤匙橄榄油，大火加热，接着加入洋葱翻炒2分钟。然后加入蒜末、辣椒粉、香菜籽、孜然粉、牛至叶，翻炒1分钟至出香味。再倒入牛肉糜，翻炒3分钟至变色熟透。最后加入番茄翻炒2分钟，直至汤汁收干。

3 关火后加入切碎的鸡蛋和橄榄，加入盐和黑胡椒调味。稍微冷却，防止制作馅饼时千层饼变得湿软。

4 制作阿多波蛋黄酱：将全蛋蛋黄酱和墨西哥辣椒酱倒入小碗中混合均匀。

5 将油酥千层饼放在干净的案板上，刷上少许橄榄油，在千层饼皮的一角铺上¼杯牛肉馅、2汤匙芝士碎，将另一角翻折，折成一个三角形，将多余的饼皮向下捏好。重复以上步骤处理剩余的食材，可以做6个馅饼（见提示）。

6 三明治机预热，每个馅饼表面刷上少许橄榄油，放入三明治机中烤7分钟至金黄酥脆。

7 将肉馅烤饼对半切开，可以根据个人口味再撒上香菜碎，搭配阿多波蛋黄酱食用。

甜椒鸡肉 BLAT 沙拉

实惠速食 | 备菜 + 烹饪时间：25 分钟 | 4 人食

这道沙拉的灵感来自我们最爱的午餐三明治，现在它摇身一变，成为一道饱腹沙拉。如果你还想吃点面包，这道沙拉也可以搭配酸面包享用。还可以准备几个柠檬角，挤上柠檬汁，吃起来会更清新。

4 块无骨去皮鸡胸肉（800 克）
2 汤匙初榨橄榄油
¼ 杯甜辣酱（125 毫升）
1 个蒜瓣，碾碎
⅓ 杯酸橙汁（80 毫升）
8 片培根（200 克）
250 克樱桃番茄
⅓ 杯蛋黄酱（100 克）
1 汤匙扁叶欧芹碎
2 棵嫩直立生菜（360 克），叶子摘开
1 个牛油果（250 克），纵向切薄片
盐和现磨黑胡椒

1 将涂过油的烤盘（或铸铁锅、烤盘、烧烤架）中火预热。

2 中号碗中加入鸡肉、橄榄油、甜辣酱、蒜末、一半的酸橙汁，混合均匀后加入盐和黑胡椒调味。分批煎烤鸡肉，煎烤5分钟至鸡肉熟透、表面有烧烤纹路后关火（见提示），盖上锅盖保温。

3 烤鸡肉的同时可以将培根和樱桃番茄放在烤盘上，中火煎烤，直到培根变脆、樱桃番茄变软。

4 将蛋黄酱、剩下的酸橙汁、扁叶欧芹碎倒入小碗混合均匀。

5 将生菜叶分别放在4个餐盘中，上面放上鸡肉、培根、樱桃番茄和牛油果薄片，浇上酱汁后趁热食用。

提示

- 煎烤时人们最常犯的错误是不够耐心。鸡肉需要煎烤足够的时间后才能翻面，这样不仅能烤出漂亮的烧烤纹路，还能避免粘锅。

玉米藜麦浓汤

无肉食谱 | 备菜 + 烹饪时间：30 分钟 | 4 人食

这份玉米浓汤不用额外添加淀粉增稠，而用藜麦取而代之。如果想要一份无麸质午餐，可以使用不含麸质的高汤和无麸质玉米饼。

2 汤匙橄榄油
4 根玉米，剥粒备用
1 个大洋葱（200 克），切碎
1 个大土豆（300 克），削皮切块
2 个蒜瓣，碾碎
1 茶匙烟熏辣椒粉
1 升蔬菜汤（4 杯）
半杯稀奶油（125 毫升）
⅓ 杯藜麦（70 克），红白皆可
¾ 杯水（180 毫升）
⅓ 杯包装松散的香菜叶（7 克）
4 厘米 ×21 厘米全麦玉米饼，烤熟后撕碎
2 个酸橙（130 克），切半
盐和现磨黑胡椒

牛油果酱：

1 个牛油果（250 克），粗略捣成泥
1 棵香葱，切碎
2 汤匙酸橙汁

提示

- 如果用壶式搅拌器或者食物处理器来搅拌汤，在搅拌之前要确保汤冷却，因为汤的热量可能会导致空气膨胀、盖子被顶飞。

1. 大号汤锅倒油，中火加热，然后倒入玉米粒、洋葱碎、土豆块，盖上锅盖加热8分钟，直至洋葱碎变软。加入蒜末和半茶匙的烟熏辣椒粉，翻炒1分钟至出香味。
2. 加入蔬菜汤和稀奶油，大火煮沸后转中火，盖上锅盖再煮10分钟，土豆块变软后关火再焖5分钟。将一半浓汤倒入料理机搅打至顺滑后倒回汤锅（见提示），加入盐和黑胡椒调味，再开火加热，边加热边搅拌。
3. 与此同时，将藜麦和¾杯（180毫升）水倒入小号汤锅煮沸，然后盖上锅盖转小火慢煮12分钟，直到藜麦变软。关火后继续焖10分钟，然后用叉子翻松，倒入浓汤混合均匀。
4. 制作牛油果酱：将牛油果泥、香葱碎、酸橙汁倒入小碗中混合均匀，加入盐和黑胡椒调味。
5. 将浓汤分装在4个碗中，加上牛油果酱、香菜叶和剩下的烟熏辣椒粉，与玉米饼、酸橙一起上桌。

鸡肉芦笋甘蓝凯撒沙拉

对儿童友好 | 备菜 + 烹饪时间：30 分钟 | 4 人食

这道沙拉中，鸡肉和羽衣甘蓝为经典的凯撒沙拉增添了新风味，而凯撒沙拉常用的鳀鱼蛋黄酱也用绿色女神沙拉汁代替。羽衣甘蓝入沙拉的小窍门是：先加入少量油和盐或沙拉汁，将叶子揉搓几分钟。

12 片薄切酸酵法棍（100 克）
¾ 杯细磨帕尔马干酪碎（80 克）
1 汤匙初榨橄榄油
8 片帕马火腿（120 克，见提示）
300 克芦笋，清理干净后纵向切开
4 个鸡蛋
100 克羽衣甘蓝叶，清理干净撕碎
400 克去皮烤鸡肉，切丝

绿色女神沙拉汁：

¼ 杯全蛋蛋黄酱（75 克）
2 汤匙酸奶油
¼ 杯扁叶欧芹，粗略切碎
1 汤匙罗勒叶，粗略切碎
1 汤匙细香葱，粗略切碎
1 汤匙柠檬汁
1 个蒜瓣，切碎
盐和现磨黑胡椒

提示

- 如果不想吃肉，可以省去鸡肉和帕玛火腿，加入更多的烤芦笋或栗子菇。

1. 制作绿色女神沙拉汁：将所需食材放入料理机搅打至顺滑，再加入盐和黑胡椒调味。然后放在一旁备用。
2. 烤架中火加热，将面包片放在上面加热，然后翻面，撒上帕尔马干酪。待干酪溶化，微微上色后放在一旁备用。
3. 往小号煎锅倒入橄榄油，中火加热，放帕玛火腿，煎到金黄酥脆后取出，放在厨房纸上吸干多余的油脂。不必洗锅，将芦笋放入煎锅中翻炒5分钟，直到芦笋上色变软。
4. 往中号汤锅中放入鸡蛋，加凉水，用高火加热。水开前轻轻搅动可以使蛋黄处于鸡蛋正中间。水开后继续煮3分钟至鸡蛋半熟，然后捞出，用冷水冲洗。将鸡蛋放在案板上揉搓，去壳。
5. 与此同时，将羽衣甘蓝叶和¼的绿色女神沙拉酱放入大碗中，翻拌均匀后静置5分钟，使羽衣甘蓝稍稍变软。
6. 将羽衣甘蓝、烤面包、帕玛火腿、芦笋、剩余的帕尔马干酪碎以及对半切开的半熟鸡蛋放在盘子里，淋上剩余的绿色女神沙拉酱，即可上桌。

烟熏三文鱼沙拉配日式调味汁

健康之选 | 备菜 + 烹饪时间：25 分钟 | 6 人食

通过使用调味汁和烤芝麻，人们不用太费力就能让这份烟熏三文鱼沙拉不同寻常。如果要把它当作午餐，可以提前 8 小时按照前 3 个步骤准备好食材，放入冰箱冷藏保鲜，吃之前再拿出来混合拌匀。

340 克芦笋，清理干净后切断
2 杯冷冻毛豆（200 克），去壳（见提示）
500 克小红萝卜，切薄片（见提示）
1 根黄瓜（400 克），切薄片（见提示）
200 克塌棵菜叶
200 克京水菜叶
50 克凉拌裙带菜，不用也可（见提示）
600 克烟熏三文鱼片（见提示）
2 茶匙芝麻，烤熟
盐和现磨黑胡椒

日式调味汁：
1 汤匙新鲜生姜泥
¼ 杯初榨橄榄油（60 毫升）
¼ 杯味淋（60 毫升）
¼ 杯酱油（60 毫升）
2 汤匙酸橙汁
1 汤匙细磨棕榈糖
1 个小红辣椒，去籽切碎

提示

- 去壳毛豆需要半杯（100 克），可以用 V 形刨或曼陀林切菜器处理萝卜和黄瓜。
- 鱼店、寿司店、沙拉店都可以买到裙带菜沙拉。
- 三文鱼可以用烟熏鳟鱼代替，塌棵菜和京水菜可以用菠菜代替。

1 往中号汤锅放水加热至沸腾，将芦笋和毛豆在沸水中煮30秒至变软，用漏勺捞出，放在冰水中浸泡，然后沥水备用。

2 制作日式调味汁：将生姜泥放在两个勺子之间，挤出生姜汁，生姜渣弃之不用。将生姜汁和其他食材一起倒入密封罐中，盖上盖子后充分摇匀。

3 将萝卜、黄瓜、塌棵菜、京水菜、芦笋、毛豆和凉拌裙带菜（若有）放入大碗中拌匀。

4 将沙拉转移至大平盘或分装在6个餐盘中，摆上三文鱼，淋上日式调味汁，再撒上烤芝麻，最后加入盐和黑胡椒调味。

鹰嘴豆甜菜根塔博勒沙拉

无肉食谱 | 备菜 + 烹饪时间：20 分钟 | 6 人食

塔博勒沙拉是在黎巴嫩非常受欢迎的一道中东美食，通常是用布格麦做的，这里使用煮熟的鹰嘴豆代替，不用浸泡，可以缩短备餐时间。搭配简单的柠檬酸奶酱汁更添一分酸爽。

2 罐 400 克的鹰嘴豆，冲洗后沥水
250 克樱桃番茄，对半切开
1 个大号甜菜根（200 克），去皮切丝（见提示）
1 个小号紫洋葱（100 克），对半切开后切细丝
2 汤匙初榨橄榄油
半杯核桃（50 克），烤熟后切碎
半杯压实的扁叶欧芹（15 克）
半杯压实的小薄荷叶（15 克）
1 茶匙柠檬皮屑（见提示）
盐和现磨黑胡椒

柠檬酸奶酱汁：
半杯希腊酸奶（140 克）
半茶匙柠檬皮屑
1 汤匙柠檬汁

提示

- 使用切丝器可以轻松将甜菜根切成细丝。
- 可以用刨皮器将柠檬皮刨成条，不用擦成屑；如果没有，也可以用果蔬削皮刀将柠檬皮刨下来，注意避开白色部分，然后将柠檬皮切成细丝。

1. 使用搅拌机的脉冲调制功能将鹰嘴豆处理成大麦大小。
2. 与此同时，制作柠檬酸奶酱汁：将所需食材放入小碗中混合均匀，加入盐和黑胡椒调味，备用。
3. 将鹰嘴豆、樱桃番茄、甜菜根丝、洋葱丝、橄榄油、核桃碎、欧芹叶和薄荷叶放入一个大碗中，轻轻翻拌均匀。然后加盐和黑胡椒调味。最后淋上柠檬酸奶酱汁，撒上柠檬皮屑。

青杧果卷心菜沙拉配辣椒酸橙调味汁

健康之选 | 备菜 + 烹饪时间：25 分钟 + 静置 | 8 人食

这份泰式沙拉集清香、酸甜、咸鲜、脆爽于一身。酱汁最好在食用前的最后一刻再淋上，以保证沙拉脆爽的口感。可以单独食用沙拉，也可以和火腿或猪肉片一起夹入圆面包，制成美味的三明治。

¼ 杯卷心菜（330 克），切成细丝
1 个大号胡萝卜（180 克），切丝
1 个果皮青绿、果肉紧实的大号青杧果，去皮切丝（见提示）
5 棵红葱，切成细丝
1 杯（150 克）冰冻去壳毛豆，解冻
⅓ 杯（10 克）九层塔叶
¼ 杯（40 克）芝麻，烤熟

辣椒酸橙调味汁：
⅓ 杯（80 毫升）酸橙汁
2 汤匙葡萄籽油
1 汤匙鱼露（见提示）
30 克棕榈糖，磨细
2 个长红辣椒，去籽切碎
盐和现磨黑胡椒

提示

- 如果想要沙拉口感再顺滑一些，可以在酱汁中加一些日式蛋黄酱。
- 用酱油替换鱼露，即可得到一份素食沙拉。
- 青杧果可以根据个人喜好用青木瓜或豆薯代替。

1 将卷心菜丝在烤盘上薄铺一层，在室温下放置30分钟使其干燥，可以防止卷心菜颜色染到其他食材上。

2 将卷心菜丝、胡萝卜丝、青杧果丝、红葱丝、毛豆、九层塔叶和芝麻放在大碗中拌匀。

3 制作辣椒酸橙调味汁（见提示）：将所需食材都放入密封罐中，盖上盖子充分摇匀，直到棕榈糖溶化。加盐和黑胡椒调味。

4 食用前淋上酸辣酱汁，轻轻翻拌均匀。

芦笋、脆扁豆和香草酸奶

无肉食谱 | 备菜 + 烹饪时间：30 分钟 | 6 人食

这道菜里的扁豆要炒至酥脆，既可作为蛋白质的来源，也添了一份脆韧的口感，和新鲜软嫩的芦笋、口感丝滑的酱汁相得益彰。罐装利马豆也可以用这种方式来处理。

2 罐 400 克装的褐扁豆，冲洗后沥水
⅓ 杯初榨橄榄油（80 毫升）
1 个蒜瓣，碾碎
1 个长红辣椒，去籽切碎
1 个柠檬（140 克）
680 克芦笋，清理干净
盐和现磨黑胡椒

香草酸奶：
1 杯希腊酸奶（280 克）
1 杯压实的扁叶欧芹（25 克）
¼ 杯龙蒿（6 克）
2 汤匙柠檬汁

1 用厨房纸吸干扁豆的水分。往大号煎锅倒油，中高火加热，加入蒜末和辣椒碎炒30分钟至出香味。加入扁豆，翻炒15分钟，直至扁豆变脆。加盐和黑胡椒调味，然后倒在厨房纸上沥油。

2 用刨皮器将柠檬皮刨下来并切丝，放在装了冷水的碗里。

3 芦笋放在蒸锅中蒸1分钟后放在盘子里，加盐和黑胡椒调味。蒸制芦笋的锅里倒入2厘米深的清水，可以用竹蒸屉，也可以用金属蒸架。

4 与此同时，制作香草酸奶（见提示）：将一半的酸奶、欧芹、龙蒿、柠檬汁倒入小型搅拌机，搅打至顺滑后倒入小碗中，加入另一半酸奶拌匀，加盐和黑胡椒调味。

5 用勺子舀一些香草酸奶至大平盘中，加上芦笋，撒上脆扁豆。舀入更多的香草酸奶，再撒上柠檬皮丝。剩下的香草酸奶再舀入食用。

提示

- 香草酸奶可以提前一天准备好，放入冰箱冷藏备用。

快手沙拉

这些沙拉新鲜快手、口味丰富、营养均衡，如果希望能快速端菜上桌，或者不知道午餐便当该带什么，下面的食谱或许可以给你灵感。色泽诱人的沙拉也可以作为一顿大餐的点缀。

摩洛哥蔬菜沙拉

备菜时间：20 分钟 | 4 人食

将 2 个生的甜菜根去皮，然后和 1 把小红萝卜、2 个西葫芦和 1 个大号胡萝卜一起放入料理机打碎，将蔬菜碎倒入大平盘中。将料理机洗干净，倒入 ⅓ 杯（80 毫升）初榨橄榄油，2 汤匙石榴糖浆，2 汤匙柠檬汁，孜然粉、盐肤木果粉各半茶匙，适量盐调味，搅拌均匀。将一半料汁倒入蔬菜碎中混合均匀。400 克罐装鹰嘴豆冲洗后沥干，和剩下的酱汁、250 克对半切开的樱桃番茄放入中号碗中混合均匀，然后倒入蔬菜碎中，上面撒上半杯（10 克）松散的薄荷叶，搭配半杯（100 克）皮塔饼碎食用。

酥脆沙拉

备菜＋烹饪时间：20 分钟 | 4 人食

小号煎锅中火加热，倒入 1 汤匙橄榄油，芝麻、葵花籽、南瓜子各 2 汤匙，翻炒 5 分钟至金黄色。再加入 2 茶匙奇亚籽，1 汤匙日式酱油，搅拌均匀后关火。2 个球茎甘蓝去皮，400 克抱子甘蓝清理干净，一同放入料理机打碎，倒入大碗中。再加入 4 片紫色羽衣甘蓝叶，粗略打碎，和 ¾ 杯（15 克）松散的扁叶欧芹一同倒入碗中。将 ¼（60 毫升）初榨橄榄油，2 汤匙柠檬汁，1 个蒜瓣碾碎，2 茶匙芥末酱，适量盐和黑胡椒加入料理机搅匀，倒入蔬菜中翻拌均匀。撒上混合坚果后食用。

越南鸡肉沙拉

备菜时间：30 分钟 | 4 人食

200 克卷心菜放入料理机搅碎，倒入小碗中。1 个大号胡萝卜搅碎，倒入大碗中。加入 1 个切成细丝的紫洋葱、半杯（125 毫升）米白醋、2 茶匙盐、2 汤匙细砂糖，静置 5 分钟。加入半杯（175 克）豆芽，静置 3 分钟。将腌制过的蔬菜沥干，倒回碗中，再加入白卷心菜碎、500 克去皮煮熟的鸡胸肉碎，薄荷和香菜叶各 ⅓ 杯（10 克）。密封罐中加入 ¼ 杯（60 毫升）水，1 个蒜瓣碾成的蒜泥，鱼露、细砂糖和酸橙汁各 2 汤匙，盖好盖子充分摇匀，倒进沙拉里，翻拌均匀。再撒上 2 汤匙盐焗腰果碎和 2 汤匙炸红葱。

红色沙拉

备菜时间：30 分钟 | 4 人食

1 个紫洋葱和半个紫甘蓝切丝。将 ⅔ 杯（80 毫升）白酒醋和 ¼ 杯（55 克）细砂糖倒入大碗中，充分搅打至砂糖溶化。倒入紫甘蓝和洋葱碎，翻拌均匀后静置 20 分钟，然后捞出沥干，酱汁弃之不用，蔬菜碎中加入盐和现磨黑胡椒调味。将 250 克预煮甜菜根、2 个小号紫叶菊苣切成楔形，和蔬菜碎一起摆入盘中，撒上软化的山羊奶酪碎，再撒上 ¼ 杯（40 克）粗略切碎的干焙杏仁碎、¼ 杯（15 克）细香葱段，淋上 1 汤匙初榨橄榄油。

烟熏鳟鱼和腌蔬菜三明治

健康之选 | 备菜 + 烹饪时间：20 分钟 + 冷藏 | 6 人食

新鲜腌制的蔬菜可以带来浓郁的香味和爽脆的口感。如果想要更加健康，可以选择全麦的小面包，还可以根据个人口味用熏鸡肉甚至卤水豆腐代替鳟鱼。

6 个酸面包卷，对半切开
1 杯奶油奶酪（240 克）
1 棵嫩直立生菜，叶子摘开
480 克热的烟熏鳟鱼或三文鱼，捣碎

腌蔬菜：
⅓ 杯柠檬汁（80 毫升）
2 汤匙细砂糖
2 汤匙细切莳萝碎
1 汤匙芥末籽，烤熟
1 汤匙白酒醋
1 茶匙海盐
8 个小红萝卜（280 克），切薄片
1 个小号紫洋葱（100 克），薄切成圈
4 根小黄瓜（160 克），纵向刨成薄片（见提示）
现磨黑胡椒

提示

- 可以用 V 形刨或曼陀林切菜器将蔬菜切成薄片，厨具商店可以买到。
- 如需装饰或食用方便，可以用棉线将面包捆起来或竹签固定起来。

1 腌制蔬菜：将柠檬汁、细砂糖、莳萝碎、烤熟的芥末籽、醋和海盐放入一个中号玻璃碗中，搅打混合至砂糖溶化。加入小红萝卜片、洋葱圈、黄瓜片，再加入适量黑胡椒，翻拌均匀后盖好盖子放入冰箱冷藏30分钟，使蔬菜入味。然后捞出沥水，腌菜汁弃之不用。

2 在面包上抹上奶油奶酪，叠上生菜、烟熏鳟鱼碎或三文鱼碎以及腌蔬菜，再盖上另一片面包（见提示）。

3 将三明治放在大平盘中，即可上桌食用。

烤鹰嘴豆胡萝卜羊乳酪沙拉

无肉食谱 | 备菜 + 烹饪时间：30 分钟 | 1 人食

提前将胡萝卜放进烤箱可以节省备菜烹饪时间，烤胡萝卜的同时可以处理香草。你可以使用双倍食材，准备好第二天的午餐，也可以使用更多食材来招待家人或朋友。

一把小胡萝卜（185 克），清理干净（见提示）
400 克鹰嘴豆罐头，冲洗后沥水
2 汤匙初榨橄榄油
1 茶匙细柠檬皮屑
1½ 茶匙香菜籽，轻轻碾碎
1½ 茶匙茴香籽，轻轻碾碎
半杯松散的薄荷叶（10 克）
半杯松散的扁叶欧芹（10 克）
¼ 杯松散的莳萝叶（6 克）
2 汤匙柠檬汁
100 克沥干的羊乳酪，再加上 1 汤匙浸泡乳酪的汁
盐和现磨黑胡椒
硬面包（搭配食用）

1 烤箱预热至220℃。

2 将胡萝卜、鹰嘴豆、橄榄油、柠檬皮屑和香菜籽、茴香籽混合均匀，放在铺好烘焙纸的烤盘上，加盐和黑胡椒调味。放入烤箱烤25分钟，胡萝卜上色变软后取出，放入碗中。

3 将薄荷叶、扁叶欧芹和莳萝叶放在小碗中混合均匀，浇上柠檬汁，加盐和黑胡椒调味。将香草撒在鹰嘴豆和胡萝卜上，再加上羊乳酪，淋上一点乳酪汁。根据个人喜好搭配硬面包食用。

提示

- 如果买到的小胡萝卜是带叶的，可以先将叶子处理掉再装进保鲜袋，放进冰箱冷藏，这样可以延长保鲜时间。

西班牙辣香肠奶酪夹饼

对儿童友好 | 备菜 + 烹饪时间：20 分钟 | 2 人食

馅料是满满的浓香芝士和香辣诱人的西班牙辣香肠，这些皮塔饼很容易搭配，加入嫩菠菜、洋葱和红甜椒，既提升味道又丰富口感，最终呈现的是一顿滋味丰盛的午餐。

1 汤匙橄榄油
1 个小号洋葱，切细碎
200 克西班牙辣香肠，切细碎
1 茶匙烟熏辣椒粉
⅓ 杯（80 克）沥干切碎的油渍烤红辣椒
2 个全麦皮塔饼皮
半杯马苏里拉芝士碎（50 克）
半杯切达芝士碎（50 克）
半杯嫩菠菜叶（20 克）
盐和现磨黑胡椒

1 往中号煎锅倒入橄榄油，中高火加热，倒入洋葱翻炒3分钟至变软。再加入辣香肠，翻炒2分钟至色泽金黄。然后加入辣椒粉，翻炒30秒。接着加入红辣椒碎拌匀，最后加盐和黑胡椒调味。

2 将皮塔饼放入微波炉加热，取出后侧面切开，每个皮塔饼中塞入¼的芝士、一半的炒辣香肠和一半的菠菜叶，再塞入剩下的芝士（见提示）。

3 三明治机预热，放入夹饼烤4分钟，直到夹饼变得金黄酥脆，可立即食用。

提示

- 如果要当作午餐便当，可以用烘焙纸将夹饼包好，再放入密封盒中保存。或者也可以将食材分装在不同的密封盒中，吃之前再组合起来。外出携带时用冰袋装好，到达后及时放入冰箱冷藏。食用前取出，按照步骤 3 操作即可。

香辣味噌饺子汤

一锅出 | 备菜 + 烹饪时间：15 分钟 | 2 人食

和深色味噌相比，白味噌味道更加清淡柔和。配上辣椒和生姜，这份美味快手汤就有了独一无二的风味。如果想多吃点蔬菜，可以加一些花椰菜或嫩豌豆（荚豆）。

2 汤匙白味噌（见提示）
1 个长辣椒，薄切成辣椒圈
1 茶匙新鲜的生姜碎
2 茶匙生抽
10 个速冻猪肉饺子（见提示）
2 棵嫩青菜，切成四等份
1 棵香葱，斜切成薄片
1 茶匙芝麻，烤熟

1 往小号汤锅中倒入3杯（750毫升）清水、2汤匙白味噌、1茶匙生姜碎和2茶匙生抽，中火加热。煮到微沸，不时搅拌，使调料充分融合。

2 将饺子放入锅中，煮6分钟至熟透。放入青菜，再煮2分钟。将饺子汤分装在两个碗中，食用前撒上香葱和烤芝麻。

提示

- 白味噌放入冰箱冷藏可以保存 3 个月，腌料、炒菜和酱汁中都可以用到。
- 可以根据个人口味将猪肉饺子替换成蔬菜饺子或鸡肉饺子。

工作日晚餐

这些诱人的菜肴做起来简单便捷，不必大费周章。
无论是一人食还是喂饱饥肠辘辘的一家人，
结束忙碌的一天之后，你需要的
正是一顿这样的晚饭。

杜卡大虾串配酸奶薄荷番茄沙拉

健康之选 / 无麸质 | 备菜 + 烹饪时间：30 分钟 | 4 人食

杜卡是一种埃及香料，由各种烤果仁、种子和香料混合而成。杜卡可以用在酱汁、蘸料或调味中，种类繁多，甚至每家每户都不一样。虽然这里用的是开心果风味的杜卡，但任何种类的杜卡在这份食谱中都适用。

1.2 千克新鲜大虾（见提示）
¼ 杯开心果杜卡（35 克，见提示）
2 汤匙初榨橄榄油
2 个蒜瓣，碾碎
2 茶匙细柠檬皮屑
280 克浓缩酸奶
1 颗柠檬（400 克），切成瓣

薄荷番茄沙拉：
400 克小番茄，切块
1 杯扁叶欧芹叶（25 克）
半杯压实薄荷叶（15 克）
2 汤匙白酒醋
1 汤匙大蒜油
盐和现磨黑胡椒

提示

- 如果要节约时间，可以购买处理干净的虾尾，需要 600 克。
- 如果对果仁过敏，可以用 2 茶匙盐肤木果粉或扁叶欧芹代替杜卡。
- 竹签尾部用锡纸包好，可以防止煎烤时烤煳变黑；或者如果时间充足的话，将竹签放在开水中浸泡 10 分钟。

1 对虾去壳去虾线，剥出完整的虾尾。

2 将杜卡、橄榄油、蒜末、柠檬皮屑放入大碗中，再放入大虾翻拌，使大虾裹满杜卡调料。

3 烤盘（或铸铁锅、烧烤架）高火预热。用8根竹签串起大虾（见提示），放在烤盘上煎烤3~4分钟，直到大虾变色烤熟。

4 与此同时，制作薄荷番茄沙拉：将所需食材倒入一个大碗中，轻轻翻拌均匀，加盐和黑胡椒调味。

5 大虾串和沙拉、浓缩酸奶一起上桌，柠檬瓣用来挤柠檬汁。

培根玉米馅饼配牛油果调味汁

对儿童友好 | 备菜 + 烹饪时间：30 分钟 | 4 人食

这里我们用茴香来搭配煎饼，茴香球茎味道类似茴芹，生食口感脆爽，用来搭配风味浓郁的培根和口感丝滑的牛油果调味汁刚刚好。

125 克去皮厚切培根片，粗略切碎
125 克玉米粒罐头，沥水后冲洗干净
400 克成熟的西红柿，细细切碎
2 个蒜瓣，碾碎
3 汤匙香葱碎
1 茶匙烟熏辣椒粉
2 个鸡蛋
⅓ 杯牛奶（80 毫升）
1 杯斯佩尔特面粉（150 克）
半茶匙发酵粉
2 汤匙橄榄油
1 个大号茴香球茎（550 克），切薄片（见提示）
盐和现磨黑胡椒
切开的柠檬（不用也可）

牛油果调味汁：
1 个牛油果（250 克）
半杯全蛋蛋黄酱（150 克）
1 汤匙柠檬汁
1 个蒜瓣，碾碎

提示

- 如需提前处理茴香球茎，可以将其泡在冰水中放入冰箱冷藏，这样可以避免茴香氧化变色。吃之前用厨房纸吸干水分即可。

1. 大号不粘煎锅用大火加热，将培根煎到金黄酥脆后放入大碗中。
2. 再放入玉米粒、番茄碎、蒜末、2汤匙香葱碎、1茶匙烟熏辣椒粉、2个鸡蛋、80毫升牛奶，搅拌均匀。然后放入斯佩尔特面粉和发酵粉，加盐和黑胡椒调味后搅拌均匀，放在一边备用。
3. 与此同时，制作牛油果调味汁：将牛油果肉、蛋黄酱、柠檬汁和蒜末搅打至丝滑，加盐和黑胡椒调味。
4. 往煎培根的煎锅倒入橄榄油，中火加热。舀入2汤匙面糊，煎2分钟，煎饼表面出现气泡后翻面，再煎2分钟至轻微上色。剩下的面糊重复此步骤，总共煎8个煎饼。
5. 将茴香球茎片和1汤匙香葱碎加入小碗中混合均匀，加盐和黑胡椒调味。
6. 煎饼和茴香沙拉、牛油果调味汁一起上桌，根据个人口味，还可以挤上柠檬汁。

菠菜奶酪鸡肉卷

一锅出 / 对儿童友好 | 备菜 + 烹饪时间：30 分钟 | 4 人食

这道菜所用的配料是经典的意式搭配。芳香酸甜的番茄与厚重绵密的奶酪相得益彰，完美补足了鸡肉的滋味和口感。

750 克速冻红薯条
1⅓ 杯新鲜的瑞可塔干酪（320 克）
¼ 杯细磨帕尔马干酪（20 克）
150 克嫩菠菜叶
8 片 125 克的鸡肉片（见提示）
¼ 杯橄榄油（60 毫升）
1 杯瓶装番茄酱（260 克）
1 杯粗磨马苏里拉芝士（100 克）
1 汤匙意大利黑醋汁
海盐

提示

- 如果买不到鸡肉片，可以将 4 大块去皮无骨鸡胸肉从中间切开，切成 8 片肉，然后盖保鲜膜敲打成厚度均匀（5 毫米）的薄片。
- 吃之前将固定鸡肉的牙签或鸡尾酒棒拔掉。

1. 烤箱预热至220℃。
2. 将红薯条放在铺好烘焙纸的烤盘上，加海盐调味后放入烤箱，烤到金黄酥脆。
3. 与此同时，将瑞可塔干酪和帕尔马干酪混合在一起。分出40克菠菜，将菠菜和混合干酪均匀地铺在鸡肉片上，边缘留出1厘米空白。将鸡肉卷起，用牙签或鸡尾酒棒固定（见提示）。
4. 往大号煎锅倒入橄榄油，中火加热，分批煎制鸡肉，每面煎2分钟至鸡肉变色。然后用漏勺捞出，放在厨房纸上沥油。
5. 将鸡肉卷摆放在刷过油的浅口烤碗中，上面淋上番茄酱，撒上马苏里拉芝士。放进烤箱烤10分钟，直到芝士融化、鸡肉熟透。
6. 剩下的菠菜倒入大碗中，加入黑醋汁翻拌均匀。
7. 鸡肉卷和红薯条、菠菜沙拉一起上桌，搭配食用。

迷迭香火鸡串

健康之选 | 备菜 + 烹饪时间：30 分钟 | 4 人食

火鸡是非常健康的食物，可不是只有圣诞节才能吃哦！我们这里就用到了火鸡肉糜。用迷迭香做串肉扦，芳香会在烤制过程中渗进火鸡肉的每一个缝隙。当然你也可以用竹签，在肉糜中加入 2 茶匙迷迭香碎即可。

8 棵迷迭香
600 克火鸡肉糜
1 个鸡蛋
2 个蒜瓣，碾碎
1 汤匙番茄浓汁
1 杯陈面包屑（70 克）
2 汤匙初榨橄榄油
1 个大号洋葱（200 克），切成细丝
1 汤匙普通面粉
1 杯牛肉高汤（250 毫升）
2 个番茄（300 克），粗略切碎
450 克可微波米饭或速食米饭（糙米或精米皆可）
200 克青豆，清理干净

1. 将迷迭香尾部¾的叶片摘净，用作串肉扦。将叶片细细切碎，保留2茶匙备用。
2. 将火鸡肉糜、鸡蛋、蒜末、番茄浓汁、陈面包屑和切碎的迷迭香倒入中号碗中混合均匀。用火鸡肉泥包裹迷迭香秆，捏成香肠形。
3. 铸铁锅或烤盘（或烧烤架）刷油，中高火预热。烤制肉串10分钟，中间翻面，直到肉串变色烤熟。关火后盖好盖子保温。
4. 与此同时，往大号煎锅倒入橄榄油，中火加热，倒入洋葱翻炒至变软，再加入面粉翻炒，直到汤汁起泡，变得浓稠。缓缓倒入牛肉高汤，边倒边搅拌，直到汤汁顺滑。加入番茄碎，继续加热、搅拌，直到肉汤煮沸变浓。
5. 与此同时，根据包装提示加热米饭。将青豆放入微波炉中高火加热1分钟至变软。
6. 烤肉串和肉汤、米饭、青豆一起上桌，搭配食用。

酱制三文鱼配绿色什蔬

健康之选 | 备菜 + 烹饪时间：25 分钟 | 1 人食

烹饪鱼肉时保留鱼皮可以有助于鱼肉在烹饪过程中保持湿润，避免鱼肉变干、变柴。如果不喜欢鱼皮，可以在煮熟后去掉，这道菜就是这么做的。

¼ 杯酱油（60 毫升）
1 汤匙细砂糖
1 茶匙细磨生姜碎
1 茶匙芝麻油
2 汤匙白米醋
200 克无骨三文鱼，保留鱼皮
2 棵菜心（55 克），粗略切碎
半杯甜豌豆（50 克）
¼ 杯速冻豌豆（40 克），解冻
2 汤匙香菜，粗略切碎，再加上额外香菜叶，上菜前使用
2 棵香葱，斜切成薄片
1 茶匙芝麻，烤熟
糙米饭（佐餐用，不用也可）

1 烤箱预热至220℃。

2 将酱油、细砂糖、生姜、芝麻油和一半的白米醋倒入小号汤锅中，大火加热4分钟，直到料汁浓稠。

3 小号烤盘铺好烘焙纸，将三文鱼放在上面，刷上一半的料汁。放入烤箱烤8分钟，直到三文鱼上色，接近熟透。

4 与此同时，往大号汤锅倒入盐水煮沸，放入菜心汆烫1分钟。加入甜豌豆、豌豆再煮1分钟，直到蔬菜变脆。捞出并沥干水分后，和香菜、香葱一并放入餐盘中。

5 三文鱼撕成小块，去掉鱼皮，和剩下的料汁、白米醋一并倒入小碗中，轻轻翻拌均匀。

6 撒上芝麻和额外的香菜叶，搭配糙米饭食用。

TEASPOON

羊排配桃子卡布里沙拉

无麸质 | 备菜 + 烹饪时间：25 分钟 | 4 人食

这道主菜由经典的意式卡布里沙拉衍生而来，加入了鲜嫩多汁的桃子和口味清新的薄荷青酱，爽口开胃，带来夏天的味道。这道菜无论是作为非正式的晚餐，还是一顿从容慵懒的午餐都很合适，而且准备起来非常简单。

8 块羊肋排（800 克）
1½ 汤匙初榨橄榄油
4 个桃子（600 克），切成厚片（见提示）
250 克水牛芝士，撕成小块（见提示）
400 克樱桃番茄，对半切开
半杯小罗勒叶（10 克）
1 汤匙白酒醋
盐和现磨黑胡椒

开心果薄荷青酱：

1½ 杯压实薄荷叶（35 克）
1 杯压实扁叶欧芹叶（25 克）
半杯开心果
1 个蒜瓣，碾碎
2 茶匙细柠檬皮屑
2 茶匙柠檬汁
半杯初榨橄榄油（125 毫升）

提示

- 如果没有桃子，可以用无花果、苹果或梨代替。
- 和普通的牛奶马苏里拉芝士相比，水牛芝士味道更加浓郁，这里使用前者也可以。
- 青酱中不想用坚果的话，可以用南瓜子代替开心果。

1. 制作开心果薄荷青酱（见提示）：将所需食材倒入料理机搅打混合至顺滑，加入盐和黑胡椒调味。
2. 将羊肋排和1汤匙橄榄油在中号碗中混合均匀，加上盐和黑胡椒调味。铸铁烤盘（或烧烤架）刷薄油，中火预热后煎羊肋排，每面煎3分钟，最后2分钟放入桃子，直到羊肋排煎到想要的熟度，桃子煎到金黄，呈现出烧烤纹路。
3. 将桃子和水牛芝士、番茄、罗勒放在餐盘中，淋上剩下的油醋混合汁。沙拉和羊肋排、开心果薄荷青酱一起上桌，搭配食用。

柠檬草酸橙大虾配西蓝花饭

无麸质 | 备菜 + 烹饪时间：15 分钟 | 4 人食

这道低卡菜用西蓝花代替白米饭来搭配滋味浓郁的大虾，你也可以用菜花代替。两种蔬菜带有泥土气息的微苦与大虾的酸甜相映成趣，十分和谐。

500 克西蓝花，细细切碎
80 克黄油，切块
10 厘米长的新鲜柠檬草（20 克），细细切碎
500 克中等大小、去壳的鲜虾
1 汤匙细柠檬皮屑
2 汤匙酸橙汁
2 汤匙细切香菜碎
2 棵香葱，切薄片
盐和现磨黑胡椒
2 个酸橙，对半切开

1. 西蓝花分批打成米粒大小的细碎，放在开水中汆烫20秒后沥水，然后放在厨房纸上晾干。加适量盐和黑胡椒调味，盖好盖子保温。
2. 大号煎锅开中火融化黄油，放柠檬草翻炒1分钟至出香味。然后转大火，放入大虾和一半的柠檬皮屑，翻炒2~3分钟至大虾变色。关火，倒入柠檬汁和香菜拌匀。
3. 将炒虾倒在西蓝花饭上，撒上香葱和剩下的柠檬皮屑。和切半的酸橙一起上桌，把汁水挤上去食用。

泰式鸡肉蛋饼

健康之选 | 备菜 + 烹饪时间：30 分钟 | 4 人食

将蛋液淋入炒锅中煎制，就得到了轻薄的网状蛋饼。也可以将蛋液装入挤压瓶中，然后用小号的平底煎锅来代替炒锅。这里使用了金针菇，它和其他菌菇相比口味更加柔和清淡。

2 汤匙花生油
400 克去皮无骨鸡胸肉，切成薄片
1 个小号洋葱（80 克），切成细丝
2 个蒜瓣，碾碎
2 汤匙蚝油
8 个鸡蛋
1 茶匙鱼露
1 茶匙酱油
100 克金针菇，清理干净（见提示）
半杯薄荷叶（10 克）
半杯九层塔叶（15 克）（见提示）
1 杯豆芽（80 克）
2 个酸橙，切成瓣

1 炒锅中淋入2茶匙花生油，高火加热。鸡胸肉分批下锅翻炒3分钟，直到鸡肉微微上色后关火，放在一旁备用。

2 炒锅中再淋入2茶匙花生油，倒入洋葱、蒜末翻炒1分钟至出香味。鸡肉倒回炒锅，加蚝油炒热后盛出，盖好盖子保温，开始做蛋饼。

3 往大号量杯中打入鸡蛋，加入鱼露和酱油，搅打均匀。炒鸡肉的炒锅中淋入1茶匙花生油，高火加热。蛋液倒入塑料密封袋中，在密封袋一角剪出一个小孔，将¼杯（60毫升）蛋液淋入热油锅中。蛋液会瞬间凝固，将蛋饼转移到餐盘中，盖好盖子保温。重复以上步骤共做8个蛋饼。

4 将炒鸡肉、金针菇、薄荷、九层塔和豆芽夹入蛋饼中，和酸橙瓣一起上桌，把汁水挤上去食用（见提示）。

提示

- 金针菇菌柄很长，菌盖很小，颜色雪白。处理时切掉根部，保留茎秆和菌盖。
- 如果没有九层塔，可以用香菜代替。
- 如果喜欢吃辣，可以在上菜前加一点红辣椒圈。

培根香草羊肉饼

对儿童友好 | 备菜 + 烹饪时间：25 分钟 | 8 人食

这道菜再加上简单的一步，就可以做成肉饼三明治。新鲜小面包（皮塔饼、卷饼也可以）切开，抹上番茄酸辣酱或胡姆斯酱，切一片肉饼（冷热皆可），再淋上适量沙拉，就得到了一个美味的三明治。

1 个蒜瓣，碾碎
2 个洋葱，切细碎
500 克瘦羊肉糜
1 个鸡蛋
¾ 杯全麦面包屑（50 克）
2 汤匙细切扁叶欧芹
2 汤匙细切牛至
⅓ 杯番茄酸辣酱（110 克）
8 片五花培根（200 克）
2 汤匙橄榄油
盐和现磨黑胡椒
60 克豆瓣菜，理出叶片备用

1 将蒜末、洋葱碎、羊肉糜、鸡蛋、面包屑、香草和番茄酸辣酱倒入大碗中混合均匀，加适量盐和黑胡椒调味，然后捏成8个肉饼。每个肉饼裹上一片培根，用牙签或鸡尾酒棒固定。

2 大号煎锅倒橄榄油，中火加热。放入肉饼，每面煎3分钟至肉饼上色熟透。关火后去除牙签，趁热上桌，和豆瓣菜搭配食用（见提示）。

提示

- 肉饼单个放进密封袋，可以冷冻保存 1 个月。食用前一天晚上移至冷藏室解冻，第二天用微波炉加热后食用。如果是带去学校，室温下食用也可以。

蒙古牛肉面

一锅出 | 备菜 + 烹饪时间：25 分钟 | 4 人食

煎炒食物美味的关键有两个：一是提前将所有食材准备好，这样可以保证一旦开火，整个煎炒流程一气呵成；二是炒锅中不要一次性下太多肉，否则就是炖而不是炒了。

600 克牛柳，切成细丝
⅓ 杯甜雪莉酒（80 毫升）
2 汤匙老抽
2 汤匙甜辣酱
2 汤匙植物油
1 个大号洋葱（200 克），切细丝
2 个蒜瓣，碾碎
1 个红辣椒（200 克），切细丝
235 克菜心（见提示），切成 10 厘米长的段
1 汤匙细黄砂糖
1 茶匙芝麻油
⅓ 杯鸡肉高汤（80 毫升）
400 克面条

1. 将甜雪莉酒、老抽、甜辣酱各取一半倒入中号碗中，和牛肉混合均匀。
2. 炒锅中倒入一半的植物油，高火加热；牛肉分批下锅翻炒2分钟至上色后盛出。
3. 剩下的油倒入炒锅加热，加洋葱和蒜末翻炒3分钟，直到洋葱变软。加入红辣椒和菜心，翻炒至蔬菜变软。
4. 将牛肉和剩下的食材一起倒回锅里，翻炒2分钟至熟透，趁热食用。

提示

- 菜心可以用花椰菜苗、青菜或者其他绿色蔬菜代替。

希腊菠菜羊乳酪派

无肉食谱 | 备菜 + 烹饪时间：30 分钟 | 1 人食

馅料可能看起来分量很多，但不用担心，菠菜会在烹饪的过程中变得蔫软，馅料分量会大幅度减少。将食材加倍，多出来的部分可以留作第二天的午饭，在微波炉中加热后就可以食用了。

半杯新鲜紧实的瑞可塔干酪（120 克）
50 克羊乳酪，擦成屑
1 茶匙干牛至
1 个洋葱，切薄片
1 汤匙去核的卡拉马塔橄榄，切成细碎
40 克嫩菠菜叶，切成细丝
¼ 杯新鲜莳萝碎（10 克）
1 个鸡蛋，轻轻打散
现磨黑胡椒
一片酥皮（如果是冷冻的，需要解冻）
¼ 杯希腊酸奶（70 克）
1 小粒蒜瓣，碾碎
绿色时蔬沙拉

1 烤箱预热至220℃，烤盘铺上烘焙纸。

2 将瑞可塔干酪、羊乳酪、牛至、洋葱、橄榄、菠菜和2汤匙莳萝在小碗中混合。留出1茶匙鸡蛋液，剩下的也倒入小碗中混合均匀。加黑胡椒调味（留出的鸡蛋液用于刷酥皮）。

3 用直径24厘米的盘子或碗盖在酥皮上，切出圆形的派皮。将馅料铺在派皮的一边，边缘留出2厘米的空白。酥皮边缘刷上鸡蛋液后翻折过来，包裹住馅料，按压边缘封口。上面再刷上鸡蛋液。

4 将干酪派放到烤盘上，放入烤箱加热20分钟，直到派皮上色（见提示）。

5 与此同时，将剩下的莳萝、酸奶、蒜末放在小碗中混合均匀。干酪派烤好后搭配酸奶和绿色时蔬沙拉食用。

提示

- 干酪派可以提前几个小时准备好，盖好后放在冰箱储存，需要时再取出。

芝麻脆鸡配速腌卷心菜沙拉

对儿童友好 | 备菜 + 烹饪时间：25 分钟 + 静置 | 4 人食

腌制通常意味着长时间的等待，但我们的速腌沙拉做起来简单快捷，在准备其他食材的同时就能完成腌制。口感爽脆的卷心菜沙拉和外表酥脆、内里香嫩的鸡块可以同时上桌。

⅔ 杯普通面粉（100 克）
2 个鸡蛋
1 杯面包屑（75 克）
¼ 杯白芝麻（40 克）
¼ 杯黑芝麻（50 克）
12 块迷你鸡胸肉（900 克）
用于煎炸的植物油
盐和现磨黑胡椒
1 个酸橙，对半切开
小型香草（不用也可）

速腌卷心菜沙拉：
1 根黄瓜（130 克）
400 克小胡萝卜，清理干净
¼ 个小号紫甘蓝
半杯白酒醋（125 毫升）
1 汤匙细砂糖
半茶匙海盐

酸橙蛋黄酱：
1 杯日式蛋黄酱（300 克）
2 茶匙酸橙皮细屑
1 汤匙酸橙汁

1 制作速腌卷心菜沙拉：用削皮器、曼陀林切菜器或者V形刨将黄瓜和胡萝卜纵向刨成片状长条，卷心菜切细丝。将蔬菜和剩下的食材放入玻璃或陶瓷碗大碗中混合，腌制15分钟，然后沥干。

2 与此同时，制作酸橙蛋黄酱：将所需食材倒入小碗中混合均匀，加入盐和黑胡椒调味。

3 将面粉倒入浅口碗中，加盐和黑胡椒调味。在另一个浅口碗中打入鸡蛋并轻轻搅散。准备第三个浅口碗，倒入面包屑和黑白芝麻并混合均匀。给鸡胸肉裹上一层面粉，再蘸上一层蛋液，最后裹一层面包屑和黑白芝麻。

4 大号煎锅倒入1厘米深的油，中火加热。鸡胸肉分批放入锅中油炸3分半钟，中途多次翻面，鸡胸肉炸至熟透、颜色金黄时用漏勺捞出，用厨房纸吸干多余的油脂。

5 炸鸡肉和卷心菜沙拉、蛋黄酱同时上桌，挤上酸橙汁食用。如果你喜欢，还可以点缀一些香草。

蜂蜜柠檬炒大虾

一锅出 | 备菜 + 烹饪时间：25 分钟 | 4 人食

对于简单便捷的快手晚餐说，煎炒菜式（见提示）鲜香、风味十足。如果是作为大餐的一部分，可以配上越南鸡肉沙拉（第 44 页）。

1 茶匙芝麻
2 汤匙植物油
1 千克新鲜的中号大虾，去壳去虾线，保留完整虾尾（见提示）
1 个大号洋葱（200 克），切成块
半棵中号大白菜（500 克），粗略切碎
1 根大号胡萝卜（180 克），切丝
⅓ 杯柠檬汁（80 毫升）
2 汤匙稀蜂蜜
20 克新鲜姜片，切丝
450 克可微波或速食泰国香米（见提示）
4 棵香葱，切细丝
¼ 杯压实的香菜叶（10 克）
盐和现磨黑胡椒

提示

- 开火之前将所有食材都准备好。
- 如果要节约时间，可以直接在鱼店购买处理好的虾尾，需要 500 克。
- 可以根据个人口味用糙米代替泰国香米。
- 如果不喜欢预制米饭，可以自己煮。在炒虾之前开煮可以节省时间。如果使用之前煮好冷却的米饭，确保加热到滚烫后再食用。

1 芝麻倒入炒锅中加热烘烤至轻微上色后盛出备用。

2 炒锅中倒入1汤匙植物油，高火加热；放入大虾翻炒2分钟至变色，盛出备用。

3 剩下的1汤匙植物油倒入炒锅中，中高火加热；倒入洋葱翻炒3分钟至变软。将大虾和大白菜、胡萝卜、柠檬汁、蜂蜜和生姜一起倒入炒锅翻炒加热，加盐和黑胡椒调味。

4 与此同时，根据包装提示加热泰国香米（见提示）。

5 撒上烤芝麻、香葱和香菜，和米饭搭配食用。

南瓜萨莫萨馅饼

无肉食谱 | 备菜 + 烹饪时间：30 分钟 | 2 人食

可以从超市或蔬果商店购买切块的南瓜，这样更加省时。南瓜需要放进微波炉加热。由于南瓜饼泥非常软，如果时间允许的话，可以在开始炸之前放进冰箱冷藏 10 分钟。

200 克南瓜，粗略切块

125 克可微波或速食糙米饭

¼ 杯冻豌豆（30 克）

1 根小号胡萝卜（70 克），粗略擦碎

2 茶匙咖喱粉

1 茶匙新鲜生姜泥

半杯干面包屑（25 克）

2 汤匙植物油

盐和现磨黑胡椒

佐菜蘸酱：

⅓ 杯希腊酸奶（95 克）

2 汤匙辣味酸橙酱（见提示）

2 汤匙新鲜柠檬叶

1 中号汤锅加水煮沸，倒入南瓜煮软。捞出沥水后，倒回锅中捣成顺滑的南瓜泥。加入未加热的米饭、豌豆、胡萝卜、咖喱粉、生姜泥、面包屑，翻拌均匀，加盐和黑胡椒调味。

2 手上抹油，将南瓜泥捏成6个饼胚（大概每个¼杯）。大号煎锅倒植物油，中火加热。分批煎制饼胚，每面煎2分钟至金黄色。搭配酸奶、酸橙酱和柠檬叶食用。如果你喜欢，还可以配一份菠菜番茄沙拉。

提示

- 酸橙酱是一种印度特色的酱料，由酸橙和多种香料制成，作为佐菜可独添一份酸辣芳香。

快手意面

意面种类多样，有各种大小和形状，是放在橱柜里当囤粮的理想选择。意面做起来简单方便，只需要搭配一些食材，就能做成营养便捷的一餐。所以，橱柜里、购物车里常备点意面吧！

地中海芝士通心粉

备菜 + 烹饪时间：35 分钟 | 4 人食

大号汤锅加盐水烧开，倒入 375 克弯管通心粉，煮熟后捞出沥水。与此同时，在另一个大号汤锅中放入 60 克黄油，开中火融化。加入 ⅓ 杯（50 克）普通面粉，不停搅拌，直到面糊起泡变稠。慢慢倒入 3 杯（750 毫升）牛奶，边加边搅拌。再加入 ⅓ 杯（80 毫升）番茄酱，继续加热搅拌，直到酱汁沸腾变稠。烤架高火预热。将意面、沥过水的开胃蔬菜罐体和 ⅓ 杯（20 克）细洋葱粒倒入汤锅中搅拌，然后用一个容量为 2 升（8 杯）的深烤碗盛出。撒上 1 杯（125 克）马苏里拉芝士碎，半杯（50 克）切达芝士碎以及 2~3 汤匙帕尔马干酪碎。烤到芝士融化上色后取出食用。

南瓜菠菜奶酪面饺

备菜时间：25 分钟 | 4 人食

大号汤锅加盐水烧开，倒入 625 克菠菜奶酪面饺，煮熟后捞出沥水。汤锅洗净擦干后开中火，放入 50 克黄油融化；加入一把清理干净撕碎的菠菜、1 汤匙肉桂粉，菠菜炒软后盛出。锅中倒入 1 千克南瓜汤罐头，煮沸后继续煮 2 分钟。加入半杯（125 毫升）稀奶油，炒软的菠菜和沥过水的面饺，边加热边搅拌均匀，热透后盛出。食用前静置 5 分钟，加盐和黑胡椒调味，上面撒上 100 克新鲜的瑞可塔干酪块和扁叶欧芹。

鸡肉青酱意面配番茄

备菜 + 烹饪时间：25 分钟 | 4 人食

烤架高火加热。樱桃番茄连藤放在铺好烘焙纸的烤盘中，淋上 1 茶匙意大利黑醋，烤制 10 分钟，直到番茄皮开始脱离果肉。与此同时，大号汤锅加盐水烧开，倒入 375 克笔管面，煮软后捞出沥水，留 ⅓ 杯（80 毫升）意面汤备用。将笔管面和 ⅓ 杯（80 毫升）罗勒青酱、2 杯（350 克）烤鸡肉丝、番茄、意面汤一起倒回汤锅中，小火边加热边搅拌，热透后关火盛出。撒上 2 汤匙帕尔马芝士碎和一些罗勒叶后食用。

火鸡红酱意面

备菜时间：30 分钟 | 4 人食

大号汤锅加盐水烧开，倒入 375 克意大利宽面（鲜面条或干面条皆可），煮软后捞出沥水。与此同时，大号煎锅倒 1 汤匙橄榄油，高火加热；1 个洋葱切碎，2 个蒜瓣碾碎后倒入煎锅，翻炒 3 分钟至变软。1 个胡萝卜、1 根西芹秆切碎，倒入煎锅，翻炒 5 分钟至变软。加入 500 克火鸡肉糜，翻炒至变色。加入 2 杯（500 毫升）番茄酱和半杯（125 毫升）鸡肉高汤，煮沸后转小火，继续炖 15 分钟，直到汤汁稍微变稠。倒入半杯（75 克）冷冻豌豆，加热至熟透，加盐和现磨黑胡椒调味。将火鸡红酱浇在意面上，撒上 ⅓ 杯（25 克）帕尔马干酪片食用。

鹰嘴豆浓汤配酸辣酸奶

无肉食谱 | 备菜 + 烹饪时间：30 分钟 | 4 人食

印式鹰嘴豆浓汤通常使用切半的鹰嘴豆，但这里使用整粒鹰嘴豆，汤的口感会更加浓厚，吃起来也更有嚼劲。将食材翻倍，再煮一锅，第二天晚上就不用做饭了。也可以打包作为第二天的午餐。

1 汤匙花生油
1 个大号洋葱（200 克），切细丝
1½ 茶匙新鲜生姜泥
1 茶匙黄砂糖粉
⅓ 杯咖喱酱（75 克）
1 茶匙孜然粉
1 茶匙黄姜粉
1 茶匙甜椒粉
400 克番茄丁罐头
250 克樱桃番茄
1 杯椰奶（250 毫升）
400 克褐扁豆罐头，沥水后冲洗干净
400 克鹰嘴豆，沥水后冲洗干净
一点香菜，作为配菜
烤面包，作为配菜
1 杯水（250 毫升）

酸辣酸奶：

⅔ 杯希腊酸奶（190 克）
1 汤匙杧果酸辣酱

提示

- 浓汤分装后放入冰箱冷冻，能保存 1 个月。食用前一天晚上放到保鲜层解冻。如果是作为工作日午餐便当，将解冻的浓汤放入微波炉加热后即可食用。

1 大号汤锅倒入花生油，中火加热。加入洋葱丝、生姜泥、黄砂糖翻炒5分钟，直到洋葱丝变软。加入咖喱酱和孜然粉、黄姜粉、甜椒粉，翻炒1分钟至出香味。

2 将番茄罐头、樱桃番茄、1杯（250毫升）水、椰奶、褐扁豆和鹰嘴豆倒入汤锅，煮沸后转小火再炖10分钟，直到汤汁稍微变稠。

3 与此同时，制作酸辣酸奶：将希腊酸奶和杧果酸辣酱倒入小碗中搅匀。

4 浓汤上撒上香菜，舀入酸辣酸奶，搭配热的烤面包食用。

Noo

辣椒鸡肉脆饼

实惠速食 | 备菜 + 烹饪时间：25 分钟 | 2 人食

脆玉米饼是墨西哥和拉丁美洲地区的特色美食，馅料多种多样，不变的是油炸或烤制的碗状玉米饼。这道菜很容易做双份。将 400 克芸豆罐头沥水后冲洗干净，代替步骤 3 中的鸡肉，就能得到一份素食版脆饼。

2 个特大玉米饼或卷饼（见提示）
2 汤匙植物油，再额外准备一些植物油用来刷玉米饼
2½ 汤匙切成细碎的阿波多酱辣椒（见提示）
4 块鸡大腿肉（800 克），清理干净
1 根玉米（400 克）
4 个大号樱桃番茄（50 克），去籽，切成小块
1 个酸橙，切成 4 瓣
2 汤匙香菜碎，再加上 ⅓ 杯香菜叶（10 克）
250 克可微波或速食糙米饭
半杯紫甘蓝细丝（40 克）
1 汤匙酸奶油
盐和现磨黑胡椒

提示

- 阿波多酱辣椒是一款烟熏风味的墨西哥辣酱，由熏干的墨西哥辣椒制成，可以在超市买到。
- 多余的墨西哥辣椒可以用密封罐装好放进冰箱冷藏，能保存 1 个月。
- 玉米饼加热后折起封口，可以做成鸡肉馅饼。

1 烤箱预热至180℃。

2 将两个玉米饼切下一角（顶部8厘米），两面都刷上植物油。将玉米饼分别放在两个烤碗中，切口微微重叠形成碗状，送进烤箱烤6分钟。将玉米饼倒扣放在烤盘中，和切下的两个角一起继续烤6分钟至金黄。玉米饼冷却后口感会变得酥脆。

3 与此同时，将一半的阿波多酱辣椒和2汤匙植物油倒入小碗中混合，加盐和黑胡椒调味。再放入鸡肉，使其沾满酱汁。

4 煎锅中放入鸡肉，开高火，每面煎4分钟至熟透，最后4分钟将玉米放入煎锅中。鸡肉静置5分钟，然后切成薄片。玉米剥粒。

5 与此同时，制作辣番茄酱：将剩下的阿波多酱辣椒、番茄、2瓣酸橙汁以及2汤匙香菜放在碗中混合，加入盐和黑胡椒调味。

6 根据包装提示加热米饭，然后将热米饭盛在玉米饼碗中，再在上面码上鸡肉、玉米粒，放上香菜叶、紫甘蓝细丝和辣番茄酱。搭配酸奶油、挤上剩下的酸橙汁食用。

炸鱼配荞麦沙拉

无麸质 / 健康之选 | 备菜 + 烹饪时间：30 分钟 | 4 人食

虽然带“麦”字，但荞麦其实不是“麦”，它属于蓼科，是无麸质饮食的理想之选。荞麦去壳后碾碎，烹饪方式和米饭类似；也可以磨成荞麦粉食用。

2 汤匙花生油
¼ 杯米粉（45 克）
4×200 克紧实的白鱼片，带皮
盐和现磨黑胡椒

荞麦沙拉：
100 克嫩豌豆，清理干净
1 汤匙花生油
1 汤匙生抽
1 茶匙新鲜生姜泥
2 汤匙酸橙汁
2 茶匙黄砂糖
1 根胡萝卜（120 克），切丝
1 杯豆芽（80 克），清理干净
⅓ 杯烤荞麦粒（65 克，见提示）
1 杯香菜叶（30 克）

1 制作荞麦沙拉：嫩豌豆煮软（蒸软或放微波炉加热软也可），捞出过凉水后沥干。将花生油、生抽、生姜泥、酸橙汁和黄砂糖放进大碗中搅打均匀。加入嫩豌豆和剩下的食材，轻轻翻拌均匀。加盐和黑胡椒调味。

2 大号煎锅倒油，中火加热。米粉倒入浅口盘中，加盐和黑胡椒调味。鱼肉裹一层米粉，鱼皮向下放入煎锅煎5分钟，直到鱼皮金黄酥脆；翻面再煎5分钟，熟透后立即盛出。

3 鱼肉和荞麦沙拉一起上桌，搭配食用。

提示

- 如果买不到烤好的荞麦粒，可以将荞麦粒放入烤箱，180℃烤约 5 分钟，冷却后食用。

意大利蔬菜汤配牛肉馄饨

实惠速食 / 对儿童友好 | 备菜 + 烹饪时间：25 分钟 | 2 人食

在超市的进口食品冷冻区有新鲜的意大利饺售卖。用菠菜奶酪饺代替牛肉饺，就能得到一份全素蔬菜汤。如果你不喜欢辣椒油，可以在汤里撒一点干辣椒碎，同样能增添香辣风味。

2 茶匙初榨橄榄油
半个小号洋葱（40 克），切碎
1 个蒜瓣，碾碎
2 茶匙碎迷迭香叶
1 根小胡萝卜（70 克），切碎
1 根清理干净的西芹秆（100 克），切碎
400 克番茄丁罐头
2 杯蔬菜高汤（500 毫升）
1 茶匙细砂糖
150 克新鲜的牛肉意大利饺
2 汤匙帕尔马干酪片
1 茶匙辣椒油
1 汤匙扁叶欧芹叶
盐和现磨黑胡椒
硬皮面包，搭配食用

1 中号汤锅倒橄榄油，中火加热。加洋葱碎、蒜末、碎迷迭香叶、胡萝卜丁、西芹丁翻炒5分钟至变软。

2 加入番茄、高汤、砂糖，加盐和黑胡椒调味。高汤煮沸后继续煮5分钟（见提示）。加入饺子，煮5分钟至饺子变软。

3 将饺子和汤平均盛在两个碗里，再撒上帕尔马干酪片和欧芹叶，淋上辣椒油，搭配面包食用。

提示

- 饺子汤可以冷冻保存，按需取用。先不要加饺子，汤煮好后冷却，放在密封容器中冷冻保存。需要时取出解冻加热，然后按照步骤 2 加入饺子，接下来按照菜谱操作即可。

双辣番茄香肠通心粉

对儿童友好 | 备菜 + 烹饪时间：25 分钟 | 4 人食

微辣的意式番茄酱，搭配西班牙辣味香肠，双重辣爽，绝对是工作日晚餐的美味担当。煎香肠时不用放油，香肠自身就会在烹饪过程中释放充足的油脂。

500 克通心粉或大管面
300 克西班牙辣香肠，切薄片
2 汤匙初榨橄榄油
1 个大号洋葱（200 克），切碎
1 茶匙干辣椒碎
3 个蒜瓣，碾碎
700 毫升瓶装番茄酱
半茶匙黄砂糖
半杯粗略切碎的扁叶欧芹（15 克）
⅔ 杯帕尔马干酪碎（70 克）
盐
1 杯水（250 毫升）

1 大号汤锅加水烧开后倒入通心粉，煮至稍软后捞出沥水。沥干水分后倒回锅中备用。

2 与此同时，大号煎锅开中高火，放入香肠片煎2分钟，中间不时翻面。香肠片变色后盛出，放在厨房纸上吸走油脂。

3 在煎香肠的煎锅中倒入橄榄油，加入洋葱、辣椒碎、蒜末翻炒3分钟至洋葱变软。加入番茄酱、糖和1杯（250毫升）水。煮沸后转小火，炖煮7分钟，不时搅拌，汤汁稍微变稠后倒入煎好的香肠片，搅拌均匀。继续煮2分钟至热透，加盐和黑胡椒调味。

4 将番茄酱和碎欧芹叶倒入装通心粉的汤锅中，开中火加热，边加热边搅拌。通心粉热透后拌入帕尔马干酪碎即可。

五香猪肉配杏仁

健康之选 | 备菜 + 烹饪时间：30 分钟 | 4 人食

五香粉体现了酸甜苦辣咸五味平衡调和的中式哲学。这味混合香料中包含八角、茴香、四川辣椒、蒜和桂皮。

750 克猪肉，切薄片（见提示）
1 茶匙玛莎拉咖喱粉
2 茶匙中式五香粉
1 汤匙花生油（见提示）
1 根胡萝卜（120 克），切丝
2 个蒜瓣，碾碎
1 汤匙新鲜的生姜碎
4 棵小白菜（600 克），纵向对半切开
1 汤匙甜辣酱
¼ 杯蚝油（60 毫升）
2 汤匙酸橙汁
2 汤匙热水
100 克嫩豌豆，清理干净
1 杯豆芽（80 克）
⅓ 杯去皮杏仁（55 克），烤熟后粗略切碎（见提示）
1 个酸橙（65 克），切成瓣
米粉或蒸米饭，搭配食用

提示

- 猪肉可以根据个人喜好用鸡肉、羊肉或牛肉代替。
- 如需避免摄入坚果，可以用植物油代替花生油、亚洲炸红葱代替杏仁。

1. 将猪肉和香料放在一个大碗中混合均匀。
2. 炒锅中倒入一半的花生油，高火加热，分批倒入猪肉翻炒2~3分钟，猪肉上色变软后盛出备用。
3. 炒锅中倒入剩下的花生油，加入胡萝卜丝、蒜末、姜末，翻炒2分钟。然后加入小白菜、甜辣酱、蚝油、酸橙汁和2汤匙热水，翻炒4分钟，直到白菜变软。
4. 猪肉和嫩豌豆一起倒回炒锅，翻炒至热透。盛出后放上豆芽，撒上杏仁，挤上酸橙汁，搭配米粉或蒸米饭食用。

辣牛排烤茄子沙拉

健康之选 | 备菜 + 烹饪时间：15 分钟 | 2 人食

石榴糖浆是石榴汁煮沸浓缩后得到的糖浆，也是波斯等中东地区广泛应用的调味品。这里使用石榴糖浆作为茄子沙拉的酱汁，为这道菜增添了宜人的水果甜香。

2 汤匙初榨橄榄油
1 茶匙多香果粉（见提示）
2 个茄子（200 克），纵向对半切开
2 块 200 克肋眼牛排（见提示）
2 个小号番茄（180 克），切块
2 个洋葱，切细丝
¼ 杯薄荷叶（5 克）
2 茶匙石榴糖浆
盐和现磨黑胡椒

1 煎锅开中高火预热。中号碗中倒入1汤匙橄榄油和多香果粉混合，加盐和黑胡椒调味，再放入茄子裹上一层油汁，然后放入牛排，也裹上一层油汁。

2 牛排每面煎2分钟至五分熟，或者煎至你喜欢的熟度。夹出后裹上锡纸，静置5分钟。煎牛排的锅中放茄子，每面煎2分钟至茄子变软。

3 与此同时，将番茄块、洋葱丝、薄荷叶均匀分装在两个餐盘中。将剩下的1汤匙橄榄油和石榴糖浆倒入小碗中搅打均匀，加盐和黑胡椒调味。

4 牛排和茄子切成条，转移到餐盘中。淋上石榴糖浆酱汁后食用（见提示）。

提示

- 多香果粉可以用半茶匙肉桂粉和 ¼ 茶匙丁香粉和 ¼ 茶匙肉豆蔻粉代替。
- 牛排可以用羊里脊代替。
- 可以根据个人口味搭配全麦库斯库斯（北非传统粗蒸麦粉）或大饼食用。

特色食谱

平平无奇的一餐怎样为特别的时刻增光添彩?
本章内容将给你灵感。无论是庆典、家宴,
还是日常招待客人,在这里
都能找到答案。

甜菜根塔塔酱配打发羊乳酪

无肉 | 备餐 + 烹饪时间：20 分钟 + 冷藏 | 8 人食

这是一道完美简单的开胃菜，可以提前 1 天按照前 3 个步骤备餐，冷藏保存。红宝石色的甜菜根使其外观和口感一样令人印象深刻，甜、咸、酸滋味调和均衡，加入坚果后口感更加丰富有嚼劲。

200 克羊乳酪
⅓ 杯酸奶油（80 克）
¼ 杯初榨橄榄油（60 毫升）
1 千克熟甜菜根
半杯沥过水的小酸黄瓜（90 克）
1 汤匙辣根奶油
3 茶匙素伍斯特酱
2 茶匙芥末酱
1 汤匙嫩的醋渍刺山柑花蕾，切碎
1 茶匙刺山柑花蕾腌汁
2 汤匙南瓜子
盐和现磨黑胡椒
嫩芝麻菜，搭配食用
薄脆燕麦饼或切片法棍，搭配食用

1. 制作打发羊乳酪：将羊乳酪、酸奶油、1汤匙橄榄油混合搅打3分钟至顺滑。搅打过程中暂停料理机，用刮刀刮下杯壁上的奶油奶酪，重复两次。完成搅打后将其转移到餐盘中，加盐和黑胡椒调味后盖好，放入冰箱冷藏15分钟，使其变稠。

2. 甜菜根切成1厘米的立方块，将一半的小酸黄瓜细细切碎，和甜菜根一起盛到中号碗中；倒入剩下的橄榄油、辣根奶油、伍斯特酱、芥末酱、刺山柑花蕾及其腌汁，搅拌混合均匀。加盐和黑胡椒调味。

3. 将甜菜根沙拉舀入大碗中，撒上南瓜子和嫩芝麻菜，塔塔酱就完成了。搭配打发羊乳酪、剩下的酸黄瓜和薄脆燕麦饼食用（见提示）。

提示

- 为了避免甜菜根塔塔酱滑落，可以先用打发羊乳酪涂抹薄脆燕麦饼，再码上甜菜根塔塔酱。

腌三文鱼配酸奶土豆

健康之选 | 备菜 + 烹饪时间：20 分钟 | 2 人食

“jerk”是牙买加用来给鱼和鸡调味的干或湿香料剂的名字。这里用到了牙买加传统的腌制方法，用腌料涂抹鱼肉，再用小火慢慢煎烤。辣椒和多香果粉风味突出，是腌料中期起决定性作用的两味香料。

8 个小土豆（320 克），切厚片
⅓ 杯压实的扁叶欧芹（10 克）
⅓ 杯压实的香菜叶（15 克）
1 茶匙现磨黑胡椒
1 茶匙干辣椒碎
1 茶匙多香果粉
2 个蒜瓣，碾碎
2 茶匙新鲜生姜泥
¼ 杯酸橙汁（60 毫升，见提示）
¼ 杯初榨橄榄油（60 毫升）
2 块 200 克去皮三文鱼
¼ 杯希腊酸奶（70 克）
2 棵红葱（50 克），切碎
盐

1 土豆煮软（蒸软或放入微波炉加热至变软也可），盖上保温。

2 制作腌料：欧芹叶和香菜叶各留出1汤匙，剩下的和黑胡椒、干辣椒碎、生姜泥、蒜末、酸橙汁和橄榄油一起搅打均匀，加适量盐调味。

3 中号碗中倒入一半的腌料，放入三文鱼腌制5分钟。

4 中号不沾煎锅中火加热，加入刚刚腌制好的三文鱼，每面煎2分钟至刚刚熟透（注意不要煎太久）。

5 将土豆片、希腊酸奶、红葱丁和剩下的腌料混合在一起，码上三文鱼，再撒上步骤2留出的欧芹叶和香菜叶。

提示

- 做这道菜需要一个酸橙。切开前放在案板上揉搓一下，便于榨汁。

烤牛排配鳀鱼沙拉汁

健康之选 | 备菜 + 烹饪时间：30 分钟 + 静置 | 6 人食

牛排腌制之后，在高温下煎烤，最后浇上风味突出的沙拉汁，滋味丰富而浓郁。可以搭配芝麻菜、嫩菠菜或豆瓣菜食用。

1.2 千克侧腹横肌牛排（见提示）
2 汤匙初榨橄榄油
2 茶匙蒜粉
2 茶匙黄砂糖
1½ 茶匙海盐
1 茶匙现磨黑胡椒
250 克樱桃番茄

鳀鱼沙拉汁：
⅓ 杯初榨橄榄油（80 毫升）
1 棵红葱，切碎
8 块鳀鱼肉（20 克），切碎
2 个长红辣椒，去籽切碎
1 汤匙百里香叶，切碎
2 茶匙新鲜的迷迭香碎和牛至碎
3 个蒜瓣，去皮
2 茶匙现擦柠檬皮屑
2 汤匙柠檬汁
1 汤匙红酒醋
盐和现磨黑胡椒

提示

- 侧腹横肌牛排虽然口感偏硬，但价格实惠，风味也不错。无论是长时间慢煮还是快速煎烤，都很美味。烹饪前解冻至室温，食用前也先充分静置。
- 你也可以用臀腰肉、里脊肉或肋眼肉。2 厘米厚的牛排每面煎 4 分钟，5 厘米厚的牛排每面要煎 10 分钟。

1 制作鳀鱼沙拉汁：小号汤锅倒橄榄油，中火加热，倒入红葱碎炒软。再加入鳀鱼和辣椒，翻炒1分钟至鳀鱼变软。盛出至耐热的碗中，拌入百里香叶碎、迷迭香碎和牛至碎。用擦菜板或刨丝器将蒜瓣擦末，放入鳀鱼酱中，静置冷却。最后拌入柠檬皮屑、柠檬汁和红酒醋，加盐和黑胡椒调味。

2 与此同时，牛排用厨房纸吸干水分。将橄榄油、大蒜粉、黄砂糖、海盐和黑胡椒倒入大号的不锈钢碗或玻璃碗中拌匀。放入牛排，并充分按摩，使腌料均匀地包裹牛排表面。在室温下静置20分钟。

3 烤架（或烤盘）高火预热，放牛排，每面煎制4分钟至五分熟，或者至牛排出现烧烤纹，煎到你想要的熟度（见提示）。盛出至盘中，轻轻盖上锡纸，静置至少10分钟。整个的番茄煎烤2分钟至稍稍变软。加盐和黑胡椒调味。

4 牛排切片，淋上鳀鱼沙拉汁，和烤番茄一起食用。

毛豆酱配米纸脆片

无肉 | 备菜 + 烹饪时间：30 分钟 | 6 人食

这道菜十分合适用来招待客人。毛豆酱可以提前 4 小时准备好，冷藏保存。米纸脆片可以提前 2 小时准备好，用厨房纸包好后放在密封盒中保存。

4 杯去壳的速冻毛豆（800 克，见提示）
⅓ 杯花生油（80 毫升），以及额外用来煎炸的油
2 汤匙芝麻油
⅓ 杯味淋（80 毫升）
⅓ 杯米酒醋（80 毫升）
¼ 杯鱼汤味噌酱（75 克，见提示）
2 汤匙柠檬汁
1 汤匙日式蛋黄酱
16 张直径 16 厘米的米纸（80 克）
1 茶匙黑芝麻
小香菜，佐菜用
⅓ 杯日式腌姜片（95 克），沥水

1 大号汤锅加水烧开，倒入毛豆煮5分钟至变软，捞出后过冰水，沥干。

2 将毛豆和⅓杯（80毫升）花生油、芝麻油、味淋、白酒醋、鱼汤味噌酱、柠檬汁、蛋黄酱和⅓杯（80毫升）水一起倒入料理机，搅打3分钟，直到毛豆酱颜色变浅、质地顺滑；中途需要时不时关掉料理机，将杯壁上的酱刮下来。用碗盛出，盖好备用。

3 与此同时，大号汤锅倒入汤锅容量⅓的花生油，加热至180℃（能在15秒内将面包粒炸至金黄的温度）。逐张放入米纸，每张米纸炸5秒至膨化，放在厨房纸上沥油。

4 毛豆酱上撒一些黑芝麻和小香菜，和日式腌姜片、米纸脆片一起食用。

提示

- 如果使用带壳的毛豆，需要约 2 千克。
- 亚洲食品杂货店或超市的国际食品区可以找到鱼汤味噌酱。

开心果手抓饭配烤羊肉

无麸质 | 备菜 + 烹饪时间：30 分钟 | 6 人食

羊小排是直接从羊肋骨切下的羊肉，鲜甜多汁，只需要用盐和胡椒简单调味，再用中高火快速煎烤，就能成就最鲜嫩多汁的美味。

30 克黄油，切块
1 个洋葱（150 克），切碎
1 汤匙新鲜生姜末
1 根肉桂条
4 粒绿豆蔻，压碎
半茶匙黄姜粉
¼ 杯包装松散的咖喱叶（6 克）
2 杯印度香米（400 克）
3 杯无麸质鸡肉高汤或清水（750 毫升）
12 块法式羊小排（600 克，见提示）
2 汤匙橄榄油
1 杯扁叶欧芹（20 克），粗略撕碎
1 杯薄荷叶（20 克），粗略撕碎
⅓ 杯开心果（45 克），粗略切碎
⅓ 杯干烤杏仁（55 克），粗略切碎
2 汤匙醋栗
2 汤匙柠檬汁
盐和现磨黑胡椒
柠檬瓣，佐餐用
希腊酸奶，佐餐用

提示

- 这里的“法式”是指处理羊小排的方式：去除骨头末端的脂肪和肌腱，使羊排干净整洁。
- 香草可以直接用手从茎上将叶子撕下来，也可以连着茎用刀粗粗切碎。

1 大号汤锅开中高火，加黄油融化。倒入洋葱碎翻炒5分钟至变软。接着加入姜末、香料、咖喱叶和印度香米，搅拌均匀。倒入鸡肉高汤煮沸后，转最小火，盖上锅盖继续煮10分钟，直到汤汁收干。关火后继续焖5分钟。

2 与此同时，中高火预热烤盘（或烤架），羊排上淋橄榄油，加盐和黑胡椒调味。然后将羊排放在烤盘上，每面煎烤3分半钟至五成熟。或者烤到你想要的熟度。

3 将欧芹、薄荷叶碎、开心果碎、烤杏仁碎、醋栗和柠檬汁拌入手抓饭，加盐和黑胡椒调味。手抓饭和羊排一起上桌，再配上用来挤汁的柠檬瓣、希腊酸奶一起食用。

香蕉叶包啮鱼配泰式香草沙拉

健康之选 | 备菜 + 烹饪时间：30 分钟 + 静置 | 4 人食

用香蕉叶包住鱼能使鱼肉保持湿润口感，也能锁住其他食材的香味，使其浸润、穿透鱼肉。这种腌制鱼肉的技法常见于东南亚和其他热带地区。

2 汤匙泰式红咖喱酱
4 个蒜瓣，碾碎
2 片泰国青柠叶，细细切碎
⅓ 杯酸橙汁（80 毫升）
2 汤匙鱼露
半杯棕榈糖粉（135 克）
1.5 千克整条啮鱼或鲭鱼，处理干净
8 片香蕉叶（见提示）

泰式香草沙拉：
200 克樱桃番茄，对半切开
2 棵香葱，切细丝
1 杯香菜叶（30 克）
半杯九层塔叶（15 克）
半杯薄荷叶（10 克）
2 汤匙酸橙汁
2 汤匙鱼露
1 汤匙花生油
⅓ 杯棕榈糖粉（90 克）

提示

- 如果找不到香蕉叶，可以用烘焙纸和锡纸代替。锡纸上铺烘焙纸，将鱼放在上面，鱼上面盖一层烘焙纸，再盖上一层锡纸，将边角折起封好即可。
- 煎烤时用锡纸球垫在鱼尾下面，防止烤焦。可以提前 3 小时按前 3 个步骤将鱼处理好，放入冰箱冷藏，烹饪时取出。

1 红咖喱倒入小号汤锅中加热2分钟，出香味后关火。拌入蒜末、青柠叶碎、酸橙汁、鱼露和棕榈糖粉，混合均匀。

2 鱼用清水冲洗后用厨房纸吸干水分。两边各斜切两刀，间隔2厘米。

3 舀出一半的红咖喱酱，均匀地涂抹鱼身，剩下的一半用来佐餐。用香蕉叶将鱼裹好，用棉线或牙签或鸡尾酒棒固定。

4 烤架（或烤盘）用高火预热。放鱼煎烤，每面10分钟。打开香蕉叶前焖5分钟。

5 与此同时，制作泰式香草沙拉：将番茄、香葱、香草放入一个碗中，剩下的食材倒入另一个杯子或碗中混合均匀。吃之前将酱汁淋在沙拉上，翻拌均匀。

6 解开棉线或去除牙签（如果使用），打开香蕉叶。烤鱼和泰式香草沙拉一同上桌，淋上剩下的红咖喱酱。

羊奶软酪烤串配黑莓酱汁

无麸质 | 备菜 + 烹饪时间：30 分钟 | 8 人食

这里用到的羊奶软酪熔点较高，是烧烤的理想搭配。需要注意同一个烤串中的羊奶软酪要保持大小一致，这样才能确保所有软酪烧烤时都能接触烤架、加热均匀。

8 片熏火腿（120 克）
350 克羊奶软酪，切成 24 片
2 汤匙初榨橄榄油
1 棵红菊苣（125 克），切丝（见提示）
1 棵白菊苣（125 克），切丝
¼ 杯去皮烤榛子（35 克），切碎
¼ 杯小薄荷叶（7 克）

黑莓酱汁：
⅓ 杯希腊酸奶（95 克）
125 克黑莓（见提示）
1 汤匙雪莉醋
1 汤匙稀蜂蜜
盐和现磨黑胡椒

1 制作黑莓酱汁（见提示）：将所有食材倒入搅拌机，搅打至顺滑；加盐和黑胡椒调味。

2 将熏火腿片纵向切成3条，将8条火腿片粗略叠好后分别串在8根串肉签上，每根串肉签再串上一片羊奶软酪；重复以上步骤两次，将剩下的软酪和火腿串好。将烤串放在盘子里，刷上橄榄油。

3 与此同时，烤架（或烤盘）高火预热，放烤串，每面煎烤1分钟至软酪上色。

4 菊苣丝和烤串摆盘，淋上黑莓酱汁，再撒上榛子碎、薄荷叶食用。

提示

- 菊苣微苦，可以根据个人喜好用芝麻菜、豆瓣菜或混合沙拉代替。
- 如果买不到新鲜的黑莓，可以用速冻黑莓代替。使用前先解冻、用厨房纸吸干水分。
- 酱汁可以提前 3 天准备好，盖好盖子放入冰箱冷藏保存，需要时取出。

猪里脊配蘑菇酱

无麸质 | 备菜 + 烹饪时间：30 分钟 | 4 人食

里脊肉也叫嫩腰肉，是食用畜类背椎骨内侧的条状嫩肉，因此非常适合快速烹饪。如果要为这道菜配上一道快手沙拉，可以参考第 44 页的菜谱。

16 片鼠尾草叶
4 片熏火腿（60 克）
4 块 250 克猪里脊
2 汤匙橄榄油
200 克切成薄片的栗子菇
1 个小洋葱（80 克），切细丝
1 个蒜瓣，碾碎
1½ 杯无麸质牛肉高汤（375 毫升）
1 汤匙番茄酱
125 克速冻菠菜碎
475 克速食无麸质芝士土豆泥
盐和现磨黑胡椒

1 每片熏火腿片两端各放一片鼠尾草叶。一片熏火腿包裹一块猪里脊，用牙签或鸡尾酒棒固定。

2 烤架（或烤盘）刷油后中高火预热。放猪肉煎烤10分钟，不时翻面，直到猪肉变色熟透（见提示）。盛出后盖好保温。

3 与此同时，中号煎锅倒橄榄油，高火加热。放入剩下的鼠尾草叶煎30秒至变脆。用漏勺捞出，放在厨房纸上吸干油脂。转中高火，倒入栗子菇、洋葱丝、蒜末煎炒4分钟，不时翻拌，直到栗子菇色泽金黄、质地变软。倒入高汤和番茄酱煮沸后，转小火焖煮5分钟，直到汤汁稍微变稠。

4 与此同时，菠菜放入微波炉，高火加热1分钟，将菠菜放在细筛中，压出多余的水分。根据包装提示加热土豆泥，然后盛到大号餐盘中。将菠菜和土豆泥搅拌均匀，加盐和黑胡椒调味。

5 猪肉切成厚块，撒上煎脆的鼠尾草叶，和土豆泥、栗子菇酱搭配食用。

提示

- 猪里脊是纯瘦肉，因此要注意不能煎太久，否则会变柴。

泰式腌菜鱼堡

实惠速食 | 备菜 + 烹饪时间：30 分钟 | 4 人食

泰国青柠叶的苦涩芳香为鱼饼增添独一无二的风味。将青柠叶对折，切掉中间硬的叶脉，剩下的叶子可以放在密封的容器里，冷藏保存两周或冷冻保存一个月。

2 根黄瓜（260 克）
1 个大号胡萝卜（180 克）
2 个长红辣椒，切细丝
2 汤匙细砂糖
2 汤匙白醋
600 克去皮白鱼肉
2 汤匙泰式红咖喱酱
2 汤匙鱼露
4 片新鲜的青柠叶，切细丝
6 根四季豆，切细丝
1 个鸡蛋，去壳
半杯香菜叶（15 克）
2 汤匙花生油或植物油
⅓ 杯甜辣酱（80 毫升）
4 个大号圆面包，从中间水平切开

1 用曼陀林切菜器、V形刨或果蔬削皮器将黄瓜和胡萝卜刨成长长的薄片。将黄瓜、胡萝卜、辣椒丝、细砂糖、白醋放入中号碗中混合，腌制10分钟，腌制过程中隔几分钟翻面；蔬菜变软后捞出沥水。

2 与此同时，将鱼肉、红咖喱酱、鱼露、青柠叶丝、四季豆丝、鸡蛋和一半的香菜叶倒入料理机中，搅打1分钟至顺滑。手上沾油，将鱼肉泥捏成4个直径12厘米的圆饼（见提示）。

3 大号煎锅倒花生油，中火加热。放入鱼饼，每面煎2分钟至刚刚熟透。盛出放在厨房纸上吸走多余的油脂。

4 圆面包切口向下，放入煎鱼饼的锅中煎1分钟至微焦。

5 将鱼饼、甜辣酱、腌蔬菜和剩下的香菜夹入圆面包中，可立即食用。

提示

- 鱼饼可以提前几个小时捏好，盖好盖子放在冰箱冷藏，需要时取出煎熟。

仿烤羊肉晚餐

对儿童友好 | 备菜 + 烹饪时间：30 分钟 | 4 人食

这道菜是经典烤羊肉的仿版，肉肠和土豆泥搭配传统的新鲜薄荷调味汁，荤素搭配，营养又美味，让你吃了还想吃。新鲜的薄荷调味汁做起来并不费事，但味道完胜商店里现成的调味汁。

8 根粗羊肉肠（1.2 千克）
800 克土豆，去皮、切块
500 克速冻蚕豆（见提示）
400 克小胡萝卜，清理干净
40 克黄油
半杯热牛奶（125 毫升）
¼ 杯小薄荷叶（7 克）
盐和现磨黑胡椒

薄荷酱汁：
2 杯压实的薄荷叶（50 克）
2 个蒜瓣，切成四等份
半杯橄榄油（125 毫升）
¼ 杯白酒醋（60 毫升）
1 汤匙细砂糖

1 烤盘（或烤架）中高火预热。放肉肠煎烤8分钟，中途不时翻面，直到烤熟。

2 与此同时，土豆、蚕豆和胡萝卜分开煮软（蒸或微波炉加热也可），然后捞出沥水。胡萝卜盖上保温。土豆过细筛网压入一个大碗中；加入黄油和牛奶，搅拌至顺滑。蚕豆去皮，放入小碗中，用叉子粗略捣碎。将蚕豆泥倒入土豆泥中，翻拌均匀。加盐和黑胡椒调味；盖上盖子保温。

3 制作薄荷酱汁：用搅拌机或料理机将薄荷和蒜瓣打成泥，然后慢慢倒入橄榄油，边倒油边继续搅打，直到混合物变得顺滑。倒入醋和细砂糖，搅拌均匀。

4 香肠和薄荷酱汁、胡萝卜、蚕豆土豆泥一起上桌，撒上薄荷叶，加盐和黑胡椒调味。可立即食用。

提示

- 速冻蚕豆和新鲜蚕豆在超市均有售卖。如果找不到，可以用速冻豌豆代替。

香肠甜椒玉米糊

对儿童友好 | 备菜 + 烹饪时间：30 分钟 | 4 人食

这道热乎乎的快手菜在冬天吃起来暖心又暖胃。如果你想更省事，可以用芝士土豆泥代替玉米糊。但为玉米糊花一点功夫还是值得的，它会用绵密的口感、浓郁的芝香报答你。

2 汤匙橄榄油
6 根茴香猪肉肠（400 克）
2 个大号红椒（700 克），切细丝
2 个大号洋葱（400 克），切细丝
2 汤匙迷迭香叶
3 个蒜瓣，切片
1 杯干白葡萄酒（250 毫升）
6 杯鸡肉高汤（1.5 升）
250 克青豆，清理干净
1 杯速食玉米糊（170 克）
1 杯帕尔马干酪碎（100 克），再额外准备 2 汤匙佐餐用
30 克黄油，切小块
盐和现磨黑胡椒

1. 厚底煎锅倒橄榄油，高火加热。将肉肠从肠衣中挤出来，分成肉球大小的块，放进煎锅煎4分钟，中途不时翻面；肉丸变色后盛出备用。
2. 转中火，倒入辣椒丝、洋葱丝、迷迭香叶和蒜片翻炒5分钟。加入肉丸和白葡萄酒，煎1分钟。倒入1杯（250毫升）高汤和青豆，盖上盖子炖煮10分钟，直到肉丸熟透。
3. 与此同时，将剩下的5杯（1.25升）高汤倒入中号汤锅煮沸。慢慢倒入玉米糊。转小火炖5分钟，不停搅拌，直到玉米糊变稠。关火后拌入1杯（80克）帕尔马干酪和黄油，加盐和黑胡椒调味。
4. 肉丸搭配玉米糊和青豆食用，撒上额外的帕尔马干酪碎。

茴香三文鱼配葡萄柚沙拉

健康之选 | 备菜 + 烹饪时间：30 分钟 | 4 人食

这道菜中的三文鱼也可以用鲭鱼或海鲈代替。沙拉滋味调和、口感鲜明，鱼肉鲜美多汁，二者相得益彰。拆葡萄柚果肉时记得留出 2 汤匙汁水用作调味汁。

3 个小茴香球茎（390 克），去皮，保留茎叶
2 个红葡萄柚（700 克），果肉拆开，另外留 2 汤匙汁水用作调味汁（见提示）
8 个小红萝卜（280 克），清理干净，切薄片（见提示）
1 个小号紫洋葱（100 克），切细丝（见提示）
¾ 杯卡拉马塔橄榄（120 克）
¼ 杯压实的扁叶欧芹叶（7 克）
¼ 杯小薄荷叶（7 克）
1 汤匙柠檬汁
2 汤匙初榨橄榄油
4 块 200 克无骨三文鱼，保留鱼皮
30 克黄油
盐和现磨黑胡椒

柚香调味汁：

2 汤匙初榨橄榄油
2 汤匙葡萄柚果汁
1 汤匙柠檬汁
1 茶匙芥末酱

提示

- 如果有曼陀林切菜器或 V 形刨，可以用来处理茴香、小红萝卜和洋葱。
- 调味汁可以提前做好，装入密封罐，可以冷藏保存 2 天。

1 制作柚香调味汁：将所需食材都倒入密封罐中，盖好盖后充分摇匀。加盐和黑胡椒调味。放在一旁备用。

2 将茴香球茎、葡萄柚果肉、小红萝卜片、洋葱丝、橄榄、欧芹叶、薄荷叶和柠檬汁、1汤匙橄榄油一起放入大碗中，轻轻翻拌均匀。加盐和黑胡椒调味。

3 剩下的1汤匙橄榄油倒入大号厚底煎锅中，高火加热。三文鱼用盐和黑胡椒腌制调味。鱼皮向下放入煎锅中，煎1分钟至金黄。翻面，将黄油放入锅中。黄油变成深棕色后继续煎30秒，直至鱼肉刚刚熟透。

4 将三文鱼和沙拉分装在3个餐盘中；撒上茴香茎叶。加盐和黑胡椒调味。淋上柚香调味汁后食用。

希腊烤肉串配白豆泥

对儿童友好 | 备菜 + 烹饪时间：30 分钟 | 4 人食

将肉（有时是蔬菜）串起来，在火上烤得滋滋冒油、噼啪作响，可以称得上是希腊的一种艺术形式，也是非常受欢迎的街头食物。烤肉串常用猪肉，白豆粗碾成泥，做成口感柔韧耐嚼的蘸酱，也是希腊烤肉的标配。

¼ 杯初榨橄榄油（60 毫升）
1 个洋葱（150 克），切细丝
3 个蒜瓣，1 个切片，另外 2 个对半切开
半杯干白葡萄酒（125 毫升）
2 个 400 克白豆罐头，沥水后冲洗干净
1 杯鸡肉高汤（250 毫升）
2 汤匙柠檬汁
2 汤匙粗略切碎的牛至，再加上 2~3 汤匙完整牛至叶
1 茶匙细柠檬皮屑
2 汤匙红酒醋
700 克猪肉（里脊肉），切成 3 厘米的小块
2 汤匙扁叶欧芹
适量柠檬皮丝（或 2 茶匙柠檬皮屑）
盐和现磨黑胡椒
柠檬瓣，佐餐用

提示

- 如果使用竹签串肉，用波浪纹铸铁烤盘煎烤时可以不用提前浸泡竹签。如果用烤架或明火烤肉，则需要提前浸泡，避免烧烤时竹签烤焦或起火。将竹签放在高一些的杯子里，倒入沸水，浸泡 5 分钟后沥水即可。

1. 汤锅中倒入1汤匙橄榄油，中火加热。放入洋葱和蒜片，翻炒6分钟至洋葱变软。加入葡萄酒，搅拌均匀，然后倒入白豆和高汤，小火炖煮15分钟，不时搅拌，直至汤汁变稠。用叉子将白豆压碎，拌入柠檬汁和2汤匙牛至，加盐和黑胡椒调味。盖好盖子保温，放在一边备用。

2. 与此同时，将剩下的橄榄油、柠檬皮屑、对半切开的蒜瓣、红酒醋和2½汤匙牛至放入料理机搅打成泥，加盐和黑胡椒调味。将牛至腌料和猪肉放在中号碗中混合均匀；用竹签将猪肉串起来（见提示）。

3. 波浪纹铸铁烤盘（或烤架）刷油，中火预热。放肉串煎烤6分钟，不时翻面，直到猪肉熟透。白豆泥撒上扁叶欧芹和柠檬皮丝或柠檬皮屑，和烤肉一起上桌，挤上柠檬汁食用。

快手比萨

无论是一家人饥肠辘辘等着吃晚饭，还是突然来了客人需要招待，如果你需要在短时间内准备一餐饭，下面的快手比萨就是完美的解决方案。无论何时，只要你想吃比萨了，都可以看看以下食谱。

香肠干酪配甘蓝比萨

备菜 + 烹饪时间：15 分钟 | 4 人食

2 个烤盘或比萨盘刷油，放入烤箱，预热至 240℃。烘焙纸上撒干面粉，将 250 克预制面团揉成两个 15 厘米 ×30 厘米的椭圆形面饼。将饼底从烘焙纸上转移到烤盘上；刷上 ⅓ 杯（80 毫升）比萨酱（还有香草和大蒜）。再铺上 150 克切成片的淡味丹麦萨拉米香肠（其他萨拉米香肠也可）、500 克樱桃番茄、半个切成细丝的小号洋葱、半杯（130 克）瑞可塔干酪块；烤 15 分钟至饼底上色且变脆。取出后撒上 60 克小羽衣甘蓝叶即可食用。

照烧鸡肉菠萝比萨

备菜 + 烹饪时间：15 分钟 | 4 人食

2 个烤盘或比萨盘刷油，放入烤箱，预热至 240℃。烘焙纸上撒干面粉，将 250 克预制面团揉成两个 15 厘米 ×30 厘米的椭圆形面饼。将饼底从烘焙纸上转移到烤盘上。227 克菠萝罐头沥水，用厨房纸进一步吸干水分。将 ⅓ 杯（80 毫升）烧烤酱和 2 汤匙照烧酱倒入小号量杯中混合均匀。将 ⅔ 的混合酱刷在比萨饼底上；铺上 1½ 杯（260 克）撕碎的烤鸡肉，1 个切成细丝的小号红辣椒，1 个切成细丝的平菇和沥干水分的菠萝。烤 15 分钟至饼底上色且变脆。淋上剩下的酱汁，两棵香葱切成细丝后撒在比萨上即可食用。

番茄马苏里拉芝士比萨

备菜 + 烹饪时间：15 分钟 | 4 人食

2 个烤盘或比萨盘刷油，放入烤箱，预热至 240℃。烘焙纸上撒干面粉，将 250 克预制面团揉成两个 15 厘米 ×30 厘米的椭圆形面饼。将饼底从烘焙纸上转移到烤盘上；刷上半杯（125 毫升）番茄酱。400 克小番茄切成厚片、150 克的水牛芝士撕碎，二者混合后铺在比萨饼底上。烤 15 分钟至饼底上色且变脆。淋上 1 汤匙橄榄油和 2 茶匙黑醋，再撒上 1 汤匙烤松子、¼ 杯（15 克）新鲜的小罗勒叶和 ¼ 杯（25 克）帕尔马干酪碎即可食用。

红薯迷迭香比萨

备菜 + 烹饪时间：15 分钟 | 4 人食

2 个烤盘或比萨盘刷油，放入烤箱，预热至 240℃。烘焙纸上撒干面粉，将 250 克预制面团揉成两个 15 厘米 ×30 厘米的椭圆形面饼。将饼底从烘焙纸上转移到烤盘上；⅓ 杯（80 毫升）橄榄油、1 个碾碎的蒜瓣、1 汤匙切碎的迷迭香混合均匀，刷在饼底上。用果蔬削皮器、曼陀林切菜器或 V 形刨将 1 个小号红心红薯削成薄片，铺在饼底上，撒上 100 克羊乳酪碎。烤 15 分钟至饼底上色且变脆。撒上 50 克芝麻菜叶，淋上 1 汤匙橄榄油即可食用。

蘑菇山羊奶酪饺子配焦化黄油

无肉 | 备菜 + 烹饪时间：30 分钟 + 静置冷却 | 4 人食

这道简单美味的饺子使用日式饺子皮制作。焦化黄玉酱则是将黄油慢慢加热，直到乳固体从脂肪中分离，变成焦香甘甜的混合物。

200 克栗子菇
100 克腌制山羊奶酪（油浸）
¼ 杯龙蒿叶（7 克），再额外准备一些佐餐用
24 片日式饺子皮（见提示）
75 克黄油
¼ 杯核桃（25 克），粗略切碎，再额外准备一些佐餐用
盐和现磨黑胡椒

1. 栗子菇细细切碎。将一汤匙腌制山羊奶酪的油汁倒入中号煎锅中，中火加热；倒入栗子菇碎翻炒4分钟至变软。加盐和黑胡椒调味。用耐热碗盛出，冷却至室温。煎锅不用冲洗，放置备用。
2. 将2汤匙龙蒿叶细细切碎，然后与山羊奶酪一起倒入冷却的栗子菇中，搅拌均匀。
3. 将12张饺子皮放在干净的案板上，用勺子舀出馅料放在饺子皮中间。饺子皮边缘用少量水沾湿，盖上剩下的饺子皮，按压边缘封口。
4. 大号汤锅倒盐水加热，水开后分批放入饺子煮2分钟，浮出水面后用漏勺捞出，单层码放在托盘中，盖好保温。
5. 在煎栗子菇的煎锅中放黄油，小火加热。黄油融化后加入核桃、剩下的龙蒿叶，小火慢慢煎，直到黄油变成棕褐色。将煮好的饺子倒入锅中，轻轻翻拌，饺子裹满黄油酱汁后关火盛出。
6. 饺子搭配额外准备的龙蒿叶和核桃碎食用，加盐和黑胡椒调味。

提示

- 如果买不到日式饺子皮，可以用方形的馄饨皮或其他种类的饺子皮代替。

牛排土豆配欧芹酱

无麸质 | 备菜 + 烹饪时间：30 分钟 | 4 人食

欧芹酱是一种用途广泛的意式绿色酱汁，和很多食物搭配都有锦上添花的效果。西班牙和法国料理中也会使用不同种类的欧芹酱。如果欧芹酱有剩余，可以大方厚涂在做三明治的圆面包上，也可以淋在蔬菜上，都会增添清香馥郁的风味。

1½ 汤匙初榨橄榄油
500 克小土豆，纵向对半切开
8 块 100 克圆切菲力牛排
1 把豆瓣菜（350 克），清理干净（见提示）
盐和现磨黑胡椒

欧芹酱：

1 个蒜瓣，碾碎
1 茶匙芥末酱
2 茶匙小刺山柑
2 片鳀鱼片
3 茶匙红酒醋
3 根小酸黄瓜
¼ 杯薄荷叶（5 克）
¼ 杯罗勒叶（7 克）
2 汤匙扁叶欧芹，粗略切碎
¼ 杯初榨橄榄油（60 毫升）

提示

- 收拾豆瓣菜时，摘下小的枝叶食用，粗大的茎秆比较辛辣，可以扔掉不用。

1. 烤箱预热至220℃。
2. 烤盘上铺烘焙纸。将土豆和一半的橄榄油在烤盘上翻拌均匀，加盐和黑胡椒调味。土豆烤20分钟，直到色泽金黄、质地变软。
3. 剩下的橄榄油倒入大号煎锅，中高火加热。放入牛肉，每面煎2分半钟至五分熟，或煎到你喜欢的熟度。盛出保温放置，然后制作酱汁。
4. 制作欧芹酱：将所需食材搅打成细碎，加盐和黑胡椒调味。
5. 土豆、牛排、豆瓣菜和欧芹酱一起上桌，搭配食用。

西班牙鸡肉香肠汤饭

实惠速食 | 备菜 + 烹饪时间：30 分钟 | 4 人食

和经典的西班牙鸡肉汤饭相比，这道暖胃饱腹的汤饭更加浓稠。如果你想要滋味更加浓郁辛辣的版本，可以用西班牙熏辣椒粉代替甜椒粉，再加上一撮干辣椒片。

30 克黄油
1 个小号洋葱（80 克），切碎
2 个蒜瓣，碾碎
1 个红辣椒，切碎
2 茶匙干牛至
1 茶匙甜椒粉
1 茶匙孜然粉
1 汤匙普通面粉
2 汤匙番茄酱
4 杯鸡肉高汤（1 升）
400 克番茄丁罐头
半杯生的中粒大米（100 克）
170 克烟熏辣香肠，切成薄片
2 杯煮熟撕碎的鸡肉（320 克）
1 个大号牛油果（320 克）
半杯粗略切碎的香菜（25 克）
盐和现磨黑胡椒
2 个酸橙，对半切开，佐餐用

1 黄油放入大号汤锅中，开中火融化；倒入洋葱碎和蒜末，翻炒5分钟至洋葱变软。加入红辣椒碎、干牛至、甜椒粉、孜然粉，翻炒至出香味。加入面粉和番茄酱，翻炒1分钟，慢慢加入高汤、2杯（500毫升）水和番茄丁罐头，边加边搅拌；煮沸后倒入大米，不要盖盖子，小火炖煮15分钟，不时搅拌，直到大米变软。

2 与此同时，大号煎锅刷油，中高火加热。放辣香肠，煎至变褐后盛出，放在厨房纸上沥油。

3 将辣香肠和鸡肉倒入汤中，中火加热，搅拌至热透。加盐和黑胡椒调味。牛油果细细切碎。

4 汤饭盛入碗中，加上牛油果丁和香菜碎，挤上酸橙汁即可食用。

香煎小牛肉配柠檬刺山柑

无麸质 | 备菜 + 烹饪时间：30 分钟 | 6 人食

香煎小牛肉、小牛肉片、炸牛肉片——这三者大同小异。小牛肉薄切成片，无论是裹上面包屑油炸还是直接下锅煎都可以。这里我们直接煎。如果你喜欢，搭配小牛肉的玉米糊也可以用土豆泥代替。

1 杯速食玉米糊（170 克）
¾ 杯牛奶（180 毫升）
¼ 杯帕尔马干酪碎（25 克）
1 汤匙碾碎的黑胡椒
6 片小牛肉薄片
60 克黄油
1 汤匙沥干水分的小刺山柑，冲洗干净
3 根柠檬皮，切细丝
⅓ 杯柠檬汁（80 毫升）
2 汤匙小欧芹叶
盐和现磨黑胡椒
适量水

1 中号汤锅倒2杯（500毫升）水烧开。边搅拌边倒入玉米糊，转小火煮5分钟，不断搅拌，直到玉米糊变稠。边搅拌边倒入牛奶，再煮5分钟，不断搅拌，直到玉米糊再次变稠。拌入帕尔马干酪，加盐和黑胡椒调味。保温备用。

2 与此同时，小牛肉片两面撒上一汤匙压碎的黑胡椒。大号煎锅中放黄油，高火加热；分批煎小牛肉，每面煎2至3分钟至牛肉稍微变色。盛出后盖好盖子保温。

3 将刺山柑、柠檬皮丝、柠檬汁和1汤匙水倒入煎牛肉的锅中，加热至沸腾，其间不断搅拌。将汤汁淋到小牛肉上，撒上欧芹叶，搭配玉米糊食用（见提示）。

提示

- 小牛肉还可以搭配青豆食用；如果你喜欢，可以撒上更多的帕尔马干酪碎。

库斯库斯配莳萝脆鱼

健康之选 | 备菜 + 烹饪时间：20 分钟 | 4 人食

这道菜巧妙运用了库斯库斯，搭配新鲜的莳萝和大蒜，摇身一变，成为鱼肉酥脆的外壳。以烤代煎，更是健康之选。

半杯速食库斯库斯（100 克）
4 汤匙粗略切碎的莳萝
2 个蒜瓣，碾碎
2 汤匙初榨橄榄油
4 块 200 克去皮紧实的白鱼肉（见提示）
175 克花椰菜苗（软茎花椰菜），斜切成厚片
2 杯（240 克）速冻豌豆
1 杯（280 克）希腊酸奶
2 汤匙芝麻酱
1 汤匙柠檬汁
⅓ 杯杏仁片（25 克），烤熟
盐和现磨黑胡椒
柠檬瓣，佐餐用

1 烤箱预热至220℃。大号烤盘铺上烘焙纸。

2 将库斯库斯、2汤匙莳萝碎、一半的蒜末、半杯（125毫升）水和橄榄油倒入一个小碗中。用指尖揉搓库斯库斯，直到均匀地裹满调料；加盐和黑胡椒调味。鱼肉放在烤盘上，将库斯库斯按压在鱼肉表面。烤12分钟，直到鱼肉熟透、外壳金黄。

3 与此同时，汤锅中倒水烧开，放花椰菜苗煮2分钟。再倒入豌豆，煮1分钟，直到蔬菜变软；捞出沥水。

4 将酸奶、芝麻酱、柠檬汁和剩余的蒜末在小碗中混合均匀；加盐和黑胡椒调味。酸奶舀入4个餐盘中，再盛入焯熟的蔬菜、鱼肉、杏仁片和剩下的2汤匙莳香碎，和柠檬瓣一起上桌，挤上柠檬汁后食用。

提示

• 这道菜中白鱼肉也可以用三文鱼代替。

大虾豌豆粒粒面

对儿童友好 | 备菜 + 烹饪时间：20 分钟 | 2 人食

蒜香四溢的大虾配上口感绵软的豌豆，低脂又饱腹，是夏日晚餐的完美选择。食谱中的大虾和粒粒面可以分别用蛤蜊和莫格拉比面（巨型库斯库斯）代替。食材分量翻倍，可以轻松制作 4 人餐食。

20 克黄油，切碎
2 个蒜瓣，碾碎
半杯鸡肉高汤（125 毫升）
2½ 杯速冻豌豆（300 克）
1 杯干粒粒面（220 克，见提示）
4 汤匙初榨橄榄油
12 只新鲜去壳的大虾（540 克），保留完整虾尾
¼ 杯粗略切碎的扁叶欧芹（7 克）
1 个长红辣椒，去籽，细细切碎
盐和现磨黑胡椒
柠檬瓣，佐餐用

提示

- 粒粒面，顾名思义，是一种形似米粒的意面，也叫作大麦面，煮汤时经常用到，例如意式蔬菜浓汤。

1. 小号汤锅中放入黄油，小火加热。黄油起泡后加入一半的蒜末，翻炒至微微变黄。加入高汤和半杯（125 毫升）水。煮沸后将火稍微调小，加入豌豆，盖上盖子煮3分钟，直到豌豆变软。关火后捞出半杯（60 克）豌豆，放在一旁备用。
2. 另一口汤锅倒水煮沸，倒入粒粒面煮至微微变软；捞出沥水。
3. 与此同时，大号煎锅倒入橄榄油，高火加热。放入大虾煎1分钟。加入剩余的蒜末，然后将大虾翻面再煎1分钟至变色熟透。
4. 用手持搅拌器（或小型料理机）将豌豆和高汤搅打成泥；倒入刚才捞出的整豌豆，搅拌均匀；加盐和黑胡椒调味。将豌豆泥和粒粒面倒入煎大虾的锅里，搅拌均匀。继续翻炒1分钟，所有食材热透后拌入碎欧芹叶和辣椒碎。
5. 将大虾豌豆粒粒面分装在两个碗中，淋上剩下的2汤匙橄榄油，和柠檬瓣一起上桌，挤上柠檬汁后食用。

蒸鱼配芝麻酱酸奶

健康之选 | 备菜 + 烹饪时间：25 分钟 | 4 人食

健康美味的鱼肉和芝麻酱酸奶是中东地区非常受欢迎的搭配，在滨海的黎巴嫩更是如此。这道菜以烤鱼和松子为特色，这里用杏仁代替松子。

4块200克去皮紧致的白鱼肉（见提示）
$\frac{1}{3}$ 杯柠檬汁（80 毫升）
4 个小号西葫芦（360 克），清理干净后纵向切成薄片（见提示）
6 个小红萝卜（280 克），清理干净后切成薄片（见提示）
1 汤匙芝麻酱
$\frac{1}{3}$ 杯希腊酸奶（95 克）
$\frac{1}{4}$ 杯切成细碎的香菜（10 克），再准备 $\frac{1}{4}$ 杯香菜叶（7 克）
半杯烤熟的杏仁片（70 克）
$\frac{1}{4}$ 茶匙干辣椒片
$\frac{1}{4}$ 杯初榨橄榄油（60 毫升）
盐和现磨黑胡椒

1. 汤锅倒水烧至微沸，将白鱼肉放在铺好烘焙纸的蒸屉中，盖上盖子，放到汤锅上蒸8分钟，直到鱼肉刚刚熟透。
2. 与此同时，将柠檬汁、西葫芦片、小红萝卜片放在小碗中混合，静置一段时间，直到蔬菜入味。
3. 将芝麻酱和酸奶在小碗中混合均匀，加盐和黑胡椒调味。将$\frac{1}{4}$杯（7克）香菜碎、杏仁片、干辣椒片和一半的橄榄油倒入另一个小碗中混合均匀。
4. 小心地将蒸熟的鱼肉从蒸屉盛出至盘中，每份鱼肉淋上足量的芝麻酱酸奶，再淋上香菜调味汁。
5. 将剩下的橄榄油倒入腌西葫芦和小红萝卜的碗中，加盐和黑胡椒调味，翻拌均匀。
6. 鱼和腌蔬菜一起上桌，点缀额外的香菜叶。如果你喜欢，还可以搭配库斯库斯或面饼食用。

提示

- 如果你喜欢，这道菜中的白鱼肉可以用三文鱼代替。
- 可以尝试用切片的茴香球茎代替西葫芦。
- 用曼陀林切菜器或 V 形刨将小红萝卜和西葫芦切成薄片。

帕尔马干酪烤猪肉

对儿童友好 | 备菜 + 烹饪时间：25 分钟 | 4 人食

这道菜滋味丰富、口感富有层次，吃起来舒心又满足，有经典美式意大利美食的影子。既可以直接享用，也可以搭配沙拉，甚至搭配土豆泥和新鲜的硬面包来吸收汤汁。

1 个小号茄子（230 克），纵向切成薄片
初榨橄榄油
4 片帕马火腿（60 克）
2 汤匙橄榄油
4 块猪肉片（400 克）
4 个马苏里拉芝士球（240 克）
2 汤匙帕尔马干酪碎
400 克樱桃番茄罐头
⅓ 杯水田芥或嫩罗勒叶（7 克）
盐和现磨黑胡椒

1. 高火预热烤盘（或波浪纹铸铁烤盘、烧烤架）。茄子两面喷油，放在烤盘中，每面煎2分钟，茄子上色变软后盛出备用。
2. 与此同时，高火预热烤炉（见提示）。将帕玛火腿放在铺好锡纸的烤盘中，放在烤炉下烤3分钟，烤至金黄酥脆后取出，盖好盖子保温备用。烤炉不关火。
3. 与此同时，向浅口烤碗（可明火加热、容量2升）中倒入1汤匙橄榄油，放在炉盘上中高火加热。猪肉片用盐和黑胡椒调味后放入烤碗，每面煎1分钟，熟透后关火盛出至盘中，保温备用。
4. 将马苏里拉芝士球切成薄片。烤碗中倒入番茄，摆上猪肉片，再摆上茄子片、马苏里拉芝士片和帕尔马干酪碎。
5. 烤碗放在打开的烤炉下烤3分钟，直到马苏里拉芝士融化、猪肉熟透。
6. 食用时盛出猪肉，再舀出番茄浇在猪肉上，码上帕马火腿和水田芥，再淋上剩下的1汤匙橄榄油即可。

提示

- 烤盘离预热好的烤炉越近越好。

Delicious

甜点

想吃点甜的？本章食谱可以满足你！从入口即化的
蛋酥到软糯多汁的布丁，从新鲜的水果甜品
到新版的经典甜点，多种多样，
任君挑选。

盐肤木果草莓巴甫洛娃蛋糕

无麸质 | 备菜 + 烹饪时间：10 分钟 + 冷藏 | 4 人食

盐肤木果粉是一种紫红色、味道酸涩芳香的香料，是中东地区广泛生长的野生灌木结的浆果磨成的粉。盐肤木果粉为这道甜点带来酸涩的柠檬果香，正好中和了蛋白霜的甜腻。

250 克草莓，切成薄薄的圆片（见提示）
⅓ 杯糖粉（55 克），过筛
1 汤匙盐肤木果粉
300 毫升淡奶油
1 茶匙香草膏
4 个无麸质蛋白霜饼（见提示）

1 将草莓、过筛的糖粉、盐肤木果粉放在小碗中混合均匀。盖好盖子后放入冰箱冷藏30分钟。

2 吃之前将奶油和香草膏一起倒入小碗中，用电动搅拌机打发至有硬挺的尖角。将打发的奶油均匀涂抹在蛋白霜饼上，再码上盐肤木果粉草莓。尽快食用。

提示

- 草莓不要切得过薄，否则冷藏时容易碎。
- 预制的纯蛋白霜饼是无麸质产品，但还是要记得检查成分表，确保没有隐藏的提取物。

拉明顿奶油蛋糕

对儿童友好 | 备菜 + 烹饪时间：30 分钟 | 6 人食

最开始创造拉明顿蛋糕的厨师只是将它作为一种消耗剩余的海绵蛋糕的方法。关于什么是真正的拉明顿蛋糕也有很多争议，有人就认为拉明顿蛋糕不应该有果酱或奶油，但共识是要有巧克力糖衣，再裹上一层椰蓉（见提示）。

300 毫升淡奶油
460 克包装好的无夹心双重巧克力海绵蛋糕（见提示）
半杯草莓酱（160 克）
453 克牛奶巧克力糖霜
1½ 杯椰蓉（120 克）

1. 用电动搅拌机在小碗中打发淡奶油，直到有硬挺的尖角。
2. 海绵蛋糕从侧边切分成两片。将一片蛋糕放在案板上，抹上2汤匙草莓酱，再抹上⅓的奶油，边缘留出1厘米的空白，最后盖上另一片蛋糕。按以上步骤处理剩下的果酱、奶油和蛋糕。
3. 蛋糕侧面抹上¾的巧克力糖霜。将椰蓉倒进托盘中，轻轻震动，使椰蓉铺均匀。上下捏住蛋糕，侧边在托盘中滚动，沾上椰蓉。
4. 蛋糕上面抹上剩下的巧克力糖霜，将剩下的椰蓉轻轻按压在蛋糕上面。

提示

- 也可以用香草海绵蛋糕和黑巧克力做不同版本的拉明顿蛋糕。
- 如果买不到无夹心的巧克力海绵蛋糕，可以按照喜欢的食谱自己制作。如果需要的话，巧克力海绵蛋糕可以提前一天做好，食用当天再拿出来组装。
- 也可以购买带有薄软糖霜的巧克力蛋糕，如巧克力泥蛋糕（可能需要 2 个蛋糕）。从侧面横切成 4 片，然后按照食谱操作。

咸味焦糖苹果冰激凌圣代

对儿童友好 | 备菜 + 烹饪时间：10 分钟 | 4 人食

这些圣代看起来像是秋天专属，但你可以在任何时间享用它们。苹果也可以用梨代替。注意要选用果肉紧实、烹饪过程中不会变形的品种，如啤梨或波士梨。

80 克黄油，切成小块
2 个大号苹果（400 克），去皮，粗略切块
1 汤匙柠檬汁
半杯细黄砂糖（75 克）
¼ 茶匙混合香料
¼ 茶匙海盐片
¼ 杯淡奶油（60 毫升）
8 个优质香草冰激凌球（见提示）
4 块杏仁饼干，压碎
¼ 杯烤松子（40 克）

1 大号煎锅中放黄油，开中火融化。放苹果和柠檬汁，翻炒5分钟。倒入黄砂糖、混合香料、海盐和奶油，煮1分钟，边煮边搅拌。

2 将冰激凌分装在4个玻璃杯中，淋上温热的苹果汤，再撒上饼干碎和松子，便可立刻食用。

提示

- 如果想要更多口味变化，可以选用不同口味的冰激凌或不同种类的坚果，如山核桃、榛子。

快手冰激凌三明治

这些冰激凌三明治简单美味，做起来非常快，吃的时候也方便。在派对上招待大小朋友都很合适，日常用来招待客人也不错，因为它们拿取方便，就是甜点版的小零食。

椒盐饼干焦糖冰激凌

制作时间：20 分钟 + 冷冻 | 4 人食

准备 4 块牛奶巧克力消化饼干，有巧克力的一面朝下放在案板上。每块饼干上舀一勺咸味焦糖冰激凌或太妃糖冰激凌，然后盖上另一块消化饼干（巧克力面朝上）。放在托盘中，盖上保鲜膜冷冻 10 分钟。将一杯椒盐饼干放在塑料密封袋中，用擀面杖敲成小块后倒入浅口的碗中。依次取出冰激凌三明治，侧面在碗中滚动，使其沾满椒盐饼干碎。可立刻食用或冷冻备用。

果味汽水冰激凌三明治

制作时间：20 分钟 | 4 人食

准备 4 块有粉色糖衣的饼干，糖衣向下放在案板上。依次在每块饼干上舀一勺莓果冰激凌，然后盖上另一块饼干（粉色糖衣面朝上）。放在托盘中，盖上保鲜膜冷冻 10 分钟。将 1 包 35 克的汽水糖或果汁糖放在塑料密封袋中，用擀面杖敲成小块后倒入浅口的碗中。依次取出冰激凌三明治，侧面在碗中滚动，使其沾满糖果碎。可立刻食用或冷冻备用。

三重巧克力冰激凌三明治

制作时间：20 分钟 + 冷冻 | 4 人食

准备 4 块巧克力曲奇饼干，拱起的一面向下放在案板上。依次在每块饼干上舀一勺巧克力冰激凌，然后盖上另一块饼干（拱起的一面向上）。放在托盘中，盖上保鲜膜冷冻 10 分钟。将半杯迷你彩豆巧克力倒入浅口的碗中。依次取出冰激凌三明治，侧面在碗中滚动，使其沾满巧克力豆。可立刻食用或冷冻备用。

薄荷脆冰激凌三明治

制作时间：20 分钟 + 冷冻 | 4 人食

准备 4 块黑巧克力薄荷夹心饼干或黑巧克力消化饼干，拱起的一面向下放在案板上。依次在每块饼干上舀一勺薄荷巧克力冰激凌，然后盖上另一块饼干（拱起的一面向上）。放在托盘中，盖上保鲜膜冷冻 10 分钟。将 2 包 35 克的巧克力脆饼或其他薄荷巧克力棒细细切碎，倒入浅口的碗中。依次取出冰激凌三明治，侧面在碗中滚动，使其沾满薄荷巧克力脆饼碎。可立刻食用或冷冻备用。

烤桃子配莓果玫瑰露酸奶

无麸质 | 备菜 + 烹饪时间：15 分钟 | 4 人食

成熟多汁的核果类水果简单处理后享用最佳，这样最能凸显其香甜微妙的滋味。如果不想要坚果，可以用烤椰子片或南瓜子代替开心果，或者直接省略，一样不减美味。

6 个桃子（900 克），对半切开，去核（见提示）

2 汤匙粗略切碎的开心果

莓果玫瑰露酸奶：

150 克草莓，切片（见提示）

1 汤匙玫瑰露

1 杯无麸质香草酸奶（280 克）

1. 制作莓果玫瑰露酸奶：草莓和玫瑰露倒入搅拌机或料理机搅打至顺滑后，拌入酸奶中。
2. 烤盘（波浪纹铸铁盘、烤架也可）刷油后中高火预热。桃子切面向下放在烤盘中煎烤5分钟，直到出现烧烤纹、果肉变软。
3. 将桃子分装在4个餐盘中，浇上莓果玫瑰露酸奶，再撒上开心果碎后即可食用。

提示

- 这里可以用解冻的速冻草莓或树莓，白桃或黄桃皆可。如果买不到桃子，杧果肉、菠萝肉、小号成熟的梨或苹果都是不错的替代品。

橙香华夫饼

对儿童友好 | 备菜 + 烹饪时间：20 分钟 | 4 人食

传统的苏泽酱是由焦糖、黄油、橙汁和橘子甜酒熬制而成的神奇酱汁，通常和可丽饼搭配。这里我们用华夫饼代替可丽饼，简化开火煎饼的步骤，花最少的力气就能享用美味甜点。

125 克黄油，切成小块
半杯细砂糖（110 克）
2 茶匙橙皮细屑
半杯橙汁（125 毫升）
8 块比利时华夫饼（480 克）
2 个橙子（480 克），去皮，切成薄薄的圆片
2 杯香草冰激凌（500 毫升）
2 汤匙烤杏仁片

1 制作苏泽酱（见提示）：将黄油放在小号的厚底汤锅中融化。加入细砂糖、橙皮屑、橙汁，开小火熬煮，边煮边搅拌，直到砂糖融化。煮沸后将火调小，继续炖2分钟，其间不用搅拌，直到酱汁变稠。

2 根据包装提示加热华夫饼。

3 将华夫饼分装在4个餐盘中，舀上冰激凌、浇上苏泽酱、撒上杏仁片和橙子薄圆片后食用。

提示

- 如果想用橘子甜酒，可以在步骤 1 中加 2 汤匙，和橙汁一起下锅。

粉色柠檬汽水奶油水果杯

对儿童友好 | 备菜 + 烹饪时间：15 分钟 + 冷却 | 4 人食

奶油水果是有几百年历史的经典英式甜点，其中奶油醋栗最为著名。这里的奶油草莓上面还铺了一层波斯棉花糖，糖丝细密绵长；也可以用普通的棉花糖代替。

250 克草莓，摘掉花萼（见提示）
⅓ 杯柠檬汽水（80 毫升）
300 毫升淡奶油
⅓ 杯柠檬凝乳（110 克）
⅓ 杯烤椰子片（15 克），再额外准备 1 汤匙
1½ 杯粉色波斯棉花糖（6 克）

1 将4个草莓切成薄薄的圆片备用，剩下的草莓切成四等份。将切成四等份的草莓和柠檬汽水放在小号煎锅中，高火煮沸。转小火继续炖5分钟，炖煮过程中用勺子将草莓捣碎，或者等到草莓微微变软、酱汁微微变稠。冷却备用。

2 与此同时，用电动搅拌机在小碗中打发淡奶油，直到出现软性的尖勾。将柠檬凝乳和椰子片翻拌入奶油中。舀¾的草莓酱到奶油中，不要搅拌。

3 将果酱奶油舀入4个玻璃杯中，每个杯子装⅔（160毫升）。再依次倒入剩下的草莓酱、草莓圆片、棉花糖和烤椰子片。

提示

- 草莓可以根据个人口味用其他莓果代替，如蓝莓、树莓等。

奶油花生脆煎饼卷

对儿童友好 | 备菜 + 烹饪时间：15 分钟 | 6 人食

奶油煎饼卷是非常受欢迎的西西里美食，吃起来一个接一个，根本停不下来。如果你想要更传统的奶油馅，可以将 150 克瑞可塔干酪搅打至顺滑，再将半杯双重奶油打发至有软性尖勾，然后将奶油和干酪一起灌入煎饼卷中。

300 毫升淡奶油
2 茶匙香草精
200 克有巧克力糖衣的花生脆饼（见提示），细细切碎
12 个现成的煎饼卷（150 克，见提示）
过筛的糖粉，装饰用

巧克力酱：
300 毫升淡奶油
100 克黑巧克力（可可含量不低于 70%），粗略切碎

1. 制作巧克力酱：将淡奶油倒入小号汤锅加热，接近沸腾时关火，其间多搅拌，避免糊锅。倒入巧克力碎，搅打至顺滑。
2. 奶油和香草精倒入小碗中，用电动搅拌机打发至有硬挺的尖角，然后拌入150克花生脆饼碎。
3. 大号裱花袋（见提示）装上大号普通裱花嘴，将花生脆饼奶油装入裱花袋，再挤到煎饼卷中。最后在煎饼卷上撒上糖粉，搭配巧克力酱和剩下的花生脆饼食用。

提示

- 花生脆饼可以在大型超市或糖果商店买到。
- 如果没有裱花袋，可以用密封袋代替；将花生脆饼奶油装入保鲜袋，挤走空气后在密封袋一角剪一个直径 1 厘米的小口即可。
- 如果买不到煎饼卷，可以用白兰地小脆饼代替。

香蕉煎饼配巧克力酱

对儿童友好 | 备菜 + 烹饪时间：30 分钟 | 4 人食

香蕉和巧克力简直是天作之合，至少对巧克力爱好者来说是如此。但如果你不喜欢香蕉，这里也可以用同等重量的蓝莓或树莓代替，新鲜或速冻的皆可。

1 杯自发面粉（150 克）
2 汤匙细砂糖
1¼ 杯脱脂乳（310 毫升）
1 个鸡蛋，轻轻打散
2 茶匙纯枫糖浆
20 克黄油，融化后冷却
1 根香蕉（200 克），切成薄片
半杯淡奶油（125 毫升）
2 个 60 克士力架或其他焦糖花生巧克力棒，粗略切碎
2 杯巧克力冰激凌（500 毫升）

1 面粉过筛倒入大碗中，拌入砂糖。脱脂乳、鸡蛋、枫糖浆和黄油混合后倒入面粉中，搅拌至面糊顺滑。拌入香蕉片。

2 大号煎锅刷油，中火加热。倒入¼杯的面糊，留出空间使面糊摊开（每次应该至少能煎两个煎饼）。煎2分钟，面糊表面有气泡冒出后翻面再煎2分钟，直到色泽金黄。盛出后盖好保温。剩下的面糊重复以上步骤煎熟，一共得到8个煎饼。

3 与此同时，小号汤锅开小火加热淡奶油，倒入士力架碎，边加热边搅拌，直到融化。

4 香蕉煎饼上舀上巧克力冰激凌和士力架奶油酱后即可食用。

柠檬蛋白酥百香果麦斯

无麸质 | 备菜 + 烹饪时间：15 分钟 | 8 人食

这里用柠檬凝乳和百香果肉替代了伊顿麦斯中常用的草莓，奶油中也加入了酸奶。不变的是酥脆的蛋白酥和柔软多汁的树莓，吃起来依然是大家熟悉的夏日甜点。

300 毫升淡奶油
2 汤匙糖粉
1 杯希腊酸奶（280 克）
8 个无麸质蛋白酥饼（80 克），粗略压碎
⅔ 杯无麸质柠檬凝乳（200 毫升）
⅓ 杯百香果果肉（80 毫升，需要 4 ~ 5 个百香果）
⅓ 杯烤椰子片（15 克）
125 克新鲜的树莓

1. 小碗中倒入奶油和糖粉，用电动搅拌机打发至有硬挺的尖角，再倒入酸奶，轻轻翻拌均匀。
2. 将一半的蛋白酥饼碎撒在大餐盘中，舀入奶油酸奶覆盖蛋白酥。淋入几勺柠檬凝乳，用小刀将柠檬凝乳拌入奶油酸奶中。
3. 撒上剩下的蛋白酥饼碎、百香果果肉、椰子片和树莓后食用。

微波炉橙香巧克力英式布丁

一锅出 / 对儿童友好 | 备菜 + 烹饪时间：25 分钟 | 4 人食

看起来可能很奇怪：明明烹饪前将水分更多的馅料倒在浓稠的面糊上面，但成品布丁却是底部更加湿润。这是因为在烹饪过程中，汁液会深入面糊，使布丁底部变得甜美多汁（见提示）。

60 克黄油，切成小块
¾ 杯自发面粉（110 克），过筛
⅓ 杯细砂糖（110 克）
2 汤匙可可粉，再额外准备 2 茶匙
⅔ 杯牛奶（160 毫升）
半茶匙香草精
2 根 38 克橙香巧克力棒，粗略切碎
¼ 杯压实的细黄砂糖（55 克）
1 杯开水（250 毫升）

1. 将30克切碎的黄油放在容量为1.5升的可微波深口碗中，送进微波炉高火加热1分钟，使黄油融化。
2. 将过筛的面粉、砂糖、2汤匙可可粉和牛奶、香草精一起倒入装黄油的碗中，搅打成顺滑的面糊。拌入橙香巧克力碎。
3. 额外准备的2茶匙可可粉过筛，和黄砂糖一起倒入中号量杯中混合均匀，然后慢慢倒入开水，边倒边搅拌。加入剩下的30克黄油，搅拌至黄油融化。用一个勺子背面引流，小心地将糖浆倒在面糊上。
4. 送进微波炉高火加热10分钟，直到布丁中间刚刚熟透。静置5分钟后搭配奶油或冰激凌食用。

提示

- 布丁做好后不要放太久，否则汁液会被糕体吸收，就享受不到湿润多汁的美味了。

杧果树莓椰子米布丁

无麸质 | 备菜 + 烹饪时间：15 分钟 | 4 人食

这道美味甜点是米布丁的夏日专享版，口感绵密的米布丁冷藏后食用，搭配杧果和椰子，富有热带气息。树莓的酸涩又中和了杧果的甜腻，味道丰富又清新。

300 毫升淡奶油
半杯椰浆（125 毫升）
半杯糖粉（80 克）
2¼ 杯中粒白米饭（340 克，见提示）
1 个大号杧果（600 克），切成薄片（见提示）
125 克树莓
半杯烤椰子片（25 克）

1. 淡奶油、椰浆和砂糖倒入小碗中，用电动搅拌机打发至有软性尖勾。
2. 大碗中放米饭，倒入椰浆奶油翻拌均匀。用保鲜膜盖好后放入冰箱冷藏，与此同时处理杧果。
3. 杧果用搅拌机或料理机搅打至顺滑，准备4个容量为250毫升的玻璃杯，将椰子米饭和杧果泥逐层装入杯子，再点缀上树莓和椰子片即可食用。

提示

- 可以根据个人口味用木瓜或夏日莓果代替杧果。
- 如果想要自己煮米饭，本食谱需要大约 ¾ 杯中粒精米。

烤菠萝配薄荷糖浆

无麸质 | 备菜 + 烹饪时间：30 分钟 | 8 人食

菠萝烤过之后更加香甜，做法简单却也十分美味。黄色果肉的菠萝味道最佳，也可以用 4 个杧果代替。如果你喜欢，还可以淋上百香果肉。

半杯细砂糖（110 克）
1½ 杯压实的薄荷叶（40 克），再额外准备 ¼ 杯（15 克），佐餐用
1 杯椰子片（50 克）
1 个黄色果肉的菠萝（1.25 千克），横向切成 1.5 厘米的厚片
1 升香草或百香果冻酸奶（4 杯）

1 烤箱预热至180℃。

2 小号汤锅开中火，倒入砂糖和半杯水（125毫升），煮4分钟，边加热边搅拌，直到砂糖融化，糖浆微微变少。将其倒入小号的不锈钢碗中，并放入冰箱冷冻15分钟，使其迅速降温。

3 与此同时，将1½杯（40克）薄荷叶倒入一个耐高温的碗中，倒入沸水后盖好盖子，静置10分钟。沥水后用冷水冲洗。挤出薄荷叶多余的水分，放在一旁备用。

4 将椰子片放在烤盘中，烘烤3分钟，不时震动烤盘，直到椰子片色泽金黄。取出备用。

5 大号烤盘（波浪纹铸铁烤盘、烤架也可）中高火预热。菠萝分两批放在烤盘上煎烤，每面烤2分钟，直至色泽金黄。

6 焯过水的薄荷叶和冷却的糖浆放入料理机搅打，直到薄荷叶被打成细碎。

7 将烤菠萝分装在8个餐盘中，上面舀入冻酸奶、淋上薄荷糖浆。食用时撒上烤椰子片和额外准备的薄荷叶即可。

樱桃榛子蛋糕

一锅出 | 备菜 + 烹饪时间：30 分钟 + 静置 | 8 人食

确保提醒吃蛋糕的人注意樱桃核。如果你喜欢，在步骤 2 打发黄油和砂糖时，可以任意加入柠檬皮细屑或橙皮细屑。榛子粉也可以用杏仁粉代替。

150 克黄油，软化，再额外准备一些黄油用于涂抹防粘
⅔ 杯细砂糖（150 克）
2 个鸡蛋
半杯普通面粉（75 克）
1½ 杯榛子粉（180 克）
16 个新鲜樱桃（150 克），保留果蒂
过筛的糖粉，装饰用
¾ 杯双重奶油（180 毫升）
⅓ 杯枫糖浆（80 毫升）

1 烤箱预热至200℃。准备一个边长19厘米的方形蛋糕模具，里面抹一层黄油；模具底部铺烘焙纸，延伸至侧面，超过模具5厘米。

2 将黄油和砂糖倒入小碗中，用电动搅拌机搅打至发白蓬松的状态。然后打入鸡蛋，搅打均匀；接着筛入面粉和榛子粉，低速搅打至混合均匀。

3 将面糊倒入铺好烘焙纸的蛋糕模具中，烤10分钟。

4 在蛋糕表面装饰上樱桃，轻轻按压，使樱桃的¼陷入面糊中。继续烤10分钟，用牙签插入蛋糕中心再拔出来，若无面糊带出，则说明蛋糕已经烤熟。蛋糕在模具中静置3分钟，然后取出，正面朝上放在案板上。撒上过筛的糖粉。趁热在蛋糕上淋上奶油和枫糖浆后便可食用。

大黄姜汁椰子热屈莱弗蛋糕

对儿童友好 | 备菜 + 烹饪时间：25 分钟 | 4 人食

趁着大黄应季，来做漂亮的红宝石色屈莱弗蛋糕吧！茎秆最红的大黄做出来的蛋糕又美味又好看，蛋奶冻和蛋糕也要选择优质可口的。当一道菜用料较少时，决定其口味的关键就是食材的质量。

3¼ 杯大黄茎秆（400 克），粗略切碎（见提示）
2 汤匙橙汁
¼ 杯细砂糖（55 克）
2 杯厚香草蛋奶冻（500 毫升）
250 克姜汁蛋糕，切碎（见提示）
⅓ 杯烤椰子片（20 克）
2 汤匙粗略切碎的开心果

1. 大黄、橙汁和细砂糖倒入中号汤锅中混合均匀；煮沸后转小火继续炖煮3分钟，不时搅拌，直到大黄变软。
2. 与此同时，小号汤锅开中火加热蛋奶冻。
3. 将姜汁蛋糕分装在4个玻璃杯中。上面依次浇上热的蛋奶冻、橙汁煮大黄、烤椰子片和开心果碎。可立即食用。

提示

- 本食谱需要 4 ~ 5 根清理干净的大黄。
- 这里使用现成的姜汁蛋糕，在大多数大型超市的烘焙区都能买到。如果买不到姜汁蛋糕，也可以用姜饼代替。

百香果柠檬椰子挞

无麸质 | 备菜 + 烹饪时间：30 分钟 + 冷却 | 12 人食

这里用椰蓉做挞皮，不仅简单便捷，吃起来也美味可口。如果没有百香果，也可以用切成薄片的杧果或树莓点缀椰子挞，这些水果和芳香酸甜的柠檬凝乳都很搭。

少量黄油用于涂抹防粘
1 杯椰蓉（90 克）
1 个蛋白，轻轻搅散
2 汤匙细砂糖
半杯无麸质柠檬凝乳（160 克）
2 汤匙百香果肉

1 烤箱预热至150℃。12连（2汤匙/40毫升）迷你玛芬烤盘内抹黄油。

2 椰蓉、蛋白、砂糖倒入中号碗中混合均匀。再将混合后的蛋白椰蓉放进玛芬烤盘中，沿烤盘内壁压成厚度均匀的挞皮。椰蓉挞皮烤20分钟至微微上色。冷却后从烤盘中取出。

3 与此同时，将淡奶油倒入小碗中，用电动搅拌机打发至有软性的尖勾。然后将柠檬凝乳倒入奶油中，轻轻翻拌均匀。

4 将柠檬奶油脂装在12个椰子挞皮中。每个椰子挞上面淋上一点百香果酱即可食用。

荷兰巧克力松饼配香蕉

对儿童友好 | 备菜 + 烹饪时间：25 分钟 | 4 人食

这道三重巧克力甜点做起来毫不费力。不过一定要提醒大家分着吃，不要一个人吃光了！荷兰松饼是烤箱烤制的单个大松饼，这里用到的荷兰工艺可可粉比天然可可粉颜色更深些（见提示）。

¾ 杯牛奶（180 毫升）
⅔ 杯普通面粉（100 克）
4 个鸡蛋
2 汤匙荷兰工艺可可粉，再额外准备 2 茶匙，过筛
半杯细砂糖（110 克）
1 茶匙香草膏
100 克黑巧克力（可可含量不低于 70%），粗略切碎
30 克黄油
2 根小号香蕉（260 克），纵向对半切开，再横向切成两段
4 个巧克力或巧克力豆冰激凌球
适量的盐

1. 烤箱预热至200℃。
2. 牛奶、面粉、鸡蛋、2汤匙可可粉、细砂糖、香草膏和一撮盐倒入料理机，按脉冲键搅拌15秒，使面糊刚刚和匀（不要过度搅拌，否则面糊会变硬）。拌入一半的巧克力碎。
3. 准备一口锅底直径18厘米、锅口直径25厘米的耐热煎锅，放入黄油，中火加热1分钟，直到黄油冒泡。倒入松饼面糊后立刻转移至烤箱，烤12分钟，直到面糊蓬松烤熟。
4. 剩下的巧克力放进微波炉小火加热或倒入耐热小碗中隔沸水融化。
5. 将香蕉和冰激凌摆在松饼上，淋上融化的巧克力，再撒上额外准备的2茶匙荷兰工艺可可粉后食用。

提示

- 荷兰工艺可可粉比天然可可粉颜色更深，在制作过程中经过碱化，中和了可可豆自然的酸涩，因此味道也更加香醇。

大黄草莓酥

对儿童友好 | 备菜 + 烹饪时间：25 分钟 + 冷却 | 4 人食

水果酥皮甜点常被看作是冬夜里的暖心食品，但这道大黄草莓酥却是地道的夏日甜点。酥皮可以提前一天备好，放在密封袋中备用，还可以作为其他甜点的佐料。

少量黄油用于涂抹防粘

¼ 杯枫糖浆（60 毫升）

100 克黄油甜酥饼干，粗略切碎（见提示）

110 克切半的夏威夷果

1 把大黄（400 克），清理干净（摘净叶子），切成 4 厘米的小段

250 克草莓，切成四等份

1 茶匙香草精

¼ 杯细砂糖（55 克）

1 茶匙生姜粉

半茶匙肉桂粉

1 烤箱预热至200℃。烤盘内铺烘焙纸、抹黄油。

2 中号碗中混合枫糖浆、黄油甜酥饼干碎、夏威夷果；铺在准备好的烤盘上，放进烤箱烤4分钟；取出翻拌后再烤4分钟，直到色泽金黄。取出冷却。

3 与此同时，将大黄、草莓、香草精、砂糖、生姜粉和肉桂粉倒入中号汤锅，中火加热3分钟；在此期间不断搅拌，直到出汁。继续加热5分钟，不时搅拌，煮到大黄变软，但能保持形状。

4 将混合水果分装在4个小碗中；撒上酥皮后食用。

提示

- 你也可以用自己喜欢的其他饼干制作酥皮，但最好用不带糖衣的黄油类饼干。

西瓜酸橙莓果芝士蛋糕罐

对儿童友好 | 备菜 + 烹饪时间：15 分钟 | 4 人食

这份超级快手的芝士蛋糕不仅可以装在罐子中，如果你喜欢，还可以装在杯子或碗中食用。享用过程中用勺子挖开夏日鲜果，穿过绵密的芝士，探入底部的姜饼脆，也是享用芝士蛋糕罐的乐趣。

200 克小姜饼
50 克黄油，粗略切碎
1 个酸橙（90 克）
250 克马斯卡彭奶酪
250 克奶油奶酪
⅓ 杯糖霜（55 克），过筛；再额外准备 2 茶匙糖霜，过筛
125 克树莓
125 克无籽西瓜，切成 1 厘米的方块
1 汤匙切成细丝的薄荷叶

1. 姜饼倒入料理机，按脉冲键搅打成细碎状。加入黄油，按脉冲键搅拌均匀。将黄油姜饼均匀分装在4个罐子中（每个罐子容量为375毫升）。
2. 酸橙皮擦细屑，然后榨出果汁（需要2汤匙酸橙汁）。将酸橙皮屑、酸橙汁、马斯卡彭奶酪、奶油奶酪和糖霜倒入料理机，搅打至顺滑。将混合奶酪均匀分装在罐子中；在案板上轻叩罐子，使奶酪流平。
3. 将树莓和额外的2茶匙糖霜放在碗中，用叉子背面将树莓轻轻压碎，搅拌至糖霜融化。拌入西瓜。
4. 将混合水果均匀分装在4个罐子中；每份蛋糕罐点缀上薄荷叶后食用。

Delicious

巧克力牛奶焦糖布丁

对儿童友好 | 备菜 + 烹饪时间：30 分钟 | 4 人食

牛奶焦糖酱（见提示）在拉美地区十分常见。将牛奶和糖不断熬煮蒸发，最后才能得到质地浓稠、色泽黑亮的牛奶焦糖酱。牛奶焦糖酱可以搭配各种食物，也可以涂抹蛋糕，还可以淋在冰激凌上，在甜点中更是用途广泛。

⅓ 杯牛奶焦糖酱（120 克）
¾ 杯细砂糖（165 克）
100 克黄油，融化后冷却，再加额外黄油用于涂抹防粘
⅓ 杯自发面粉（100 克），过筛
2 汤匙杏肉粉
⅓ 杯荷兰工艺可可粉（35 克），过筛；另外再准备额外半茶匙，过筛，装饰用
⅓ 杯牛奶（80 毫升）
2 个鸡蛋
1 茶匙香草精
50 克黑巧克力（可可含量不低于70%），切成细碎
半杯压实的细黄砂糖（110 克）
1 杯开水（250 毫升）
4 个小号香草冰激凌球

1 烤箱预热至200℃。准备4个容量为1⅓杯（330毫升）的耐热碗，碗底和碗壁涂抹少量黄油。将4个碗放在铺好烘焙纸的烤盘上。

2 在每个碗中舀入1汤匙牛奶焦糖酱。

3 将细砂糖、融化的黄油、过筛的面粉、杏仁粉、2汤匙过筛的可可粉、牛奶、鸡蛋和香草精倒入料理机中，搅打至顺滑。将面糊倒入大碗中；拌入巧克力碎。将面糊均匀分装在准备好的碗中。

4 细砂糖和剩下的可可粉倒入小碗中混合后，均匀地撒在布丁上。将开水倒入小号量杯中。拿一个勺子，背面向上放在布丁上方，小心地倒¼杯开水到布丁表面，让砂糖和可可粉完全湿润。

5 布丁烤25分钟，直到表面像蛋糕一样紧实。撒上半茶匙过筛的可可粉，便可立刻食用。如果你喜欢，还可以舀上冰激凌、淋上额外的牛奶焦糖酱。

提示

- 有些超市有罐装的牛奶焦糖酱售卖。如果买不到，可以用三花焦糖点心馅代替。

换算表

关于澳大利亚计量方式的说明

- 1 个澳大利亚公制量杯的容积约为 250 毫升。
- 1 个澳大利亚公制汤匙的容积为 20 毫升。
- 1 个澳大利亚公制茶匙的容积为 5 毫升。
- 不同国家间量杯容积的差异在 2 ~ 3 茶匙的范围内，不会影响烹饪结果。
- 北美、新西兰和英国使用容积为 15 毫升的汤匙。

本书中采用的计量算法

- 用杯子或勺子测量时，物料面和读数视线应是水平的。
- 测量干性配料最准确的方法是称量。
- 在量取液体时，应使用带有公制刻度标记的透明玻璃罐或塑料罐。
- 本书中使用的鸡蛋是平均重量为 60 克的大鸡蛋。所有水果和蔬菜都是中等大小的，除非另有说明。

固体计量单位

公制	英制
15 克	½ 盎司
30 克	1 盎司
60 克	2 盎司
90 克	3 盎司
125 克	4 盎司（¼ 磅）
155 克	5 盎司
185 克	6 盎司
220 克	7 盎司
250 克	8 盎司（½ 磅）
280 克	9 盎司
315 克	10 盎司
345 克	11 盎司
375 克	12 盎司（¾ 磅）
410 克	13 盎司
440 克	14 盎司
470 克	15 盎司
500 克	16 盎司（1 磅）
750 克	24 盎司（1½ 磅）
1 千克	32 盎司（2 磅）

烤箱温度

这本书中的烤箱温度是参照传统烤箱的；如果你使用的是一个风扇式烤箱，需要把温度降低 10 ~ 20℃ / ℉。

档　位	摄氏度（℃）	华氏度（℉）
超低火	120	250
低　火	150	300
中低火	160	325
中　火	180	350
中高火	200	400
高　火	220	425
超高火	240	475

液体计量单位

公制	英制
30 毫升	1 液量盎司
60 毫升	2 液量盎司
100 毫升	3 液量盎司
125 毫升	4 液量盎司
150 毫升	5 液量盎司
190 毫升	6 液量盎司
250 毫升	8 液量盎司
300 毫升	10 液量盎司
500 毫升	16 液量盎司
600 毫升	20 液量盎司
1000毫升（1升）	1¾ 品脱

长度计量单位

公制	英制
3 毫米	⅛ 英寸
6 毫米	¼ 英寸
1 厘米	½ 英寸
2 厘米	¾ 英寸
2.5 厘米	1 英寸
5 厘米	2 英寸
6 厘米	2½ 英寸
8 厘米	3 英寸
10 厘米	4 英寸
13 厘米	5 英寸
15 厘米	6 英寸
18 厘米	7 英寸
20 厘米	8 英寸
22 厘米	9 英寸
25 厘米	10 英寸
28 厘米	11 英寸
30 厘米	12英寸（1英尺）

致 谢

DK 出版社向索菲娅·杨、乔·雷维尔、阿曼达·歇贝特以及乔治亚·摩尔在编撰本书过程中提供的帮助表示感谢。

位于悉尼的《澳大利亚妇女周刊》实验厨房创编、测验了本书中的食谱，并为其拍摄了插图。